女性能量觉醒：
从平凡走向卓越

白小白 著

机械工业出版社

本书是一本专为职业女性打造的自我成长指南。书中深入探讨了女性在职场中的能量状态，揭示了影响女性发展的内外因素，并提供了实用的策略帮助女性提升能量、构建人脉、做出高效决策，进而实现内外平衡。结合新时代女性的特点，作者提出了女性转型与超越的全局智慧，鼓励女性发掘自身潜力，实现自我觉醒。书中通过真实的案例，展示了高能量女性在职场和生活中绽放真我的智慧，传递出共融共生的正能量。本书集实用性、启发性和前瞻性于一体，是职业女性追求自我成长和心灵觉醒的必读之作。

图书在版编目（CIP）数据

女性能量觉醒：从平凡走向卓越 / 白小白著.

北京：机械工业出版社，2024.10. -- ISBN 978-7-111-76837-1

I. B848.4-49

中国国家版本馆CIP数据核字第2024S0H854号

机械工业出版社（北京市百万庄大街22号　邮政编码100037）

策划编辑：梁一鹏　　　　　责任编辑：梁一鹏

责任校对：张爱妮　王　延　责任印制：张　博

北京联兴盛业印刷股份有限公司印刷

2024年11月第1版第1次印刷

148mm×210mm・7.875印张・1插页・159千字

标准书号：ISBN 978-7-111-76837-1

定价：58.00元

电话服务　　　　　　　　　网络服务

客服电话：010-88361066　　机　工　官　网：www.cmpbook.com

　　　　　010-88379833　　机　工　官　博：weibo.com/cmp1952

　　　　　010-68326294　　金　书　网：www.golden-book.com

封底无防伪标均为盗版　　　机工教育服务网：www.cmpedu.com

自 序

本书不仅仅是一本励志案例书,更是一把钥匙,帮你打开内心深处隐藏的能量之源。通过独特的"能量"视角,我们深入解读了霍金斯能量表等科学理念,带你领略能量状态与女性事业成长之间的联系。除此以外,更重要的是,为你提供了一个实用的个人能量自测和升级指南,助你揭开自己内在力量的神秘面纱。

每个人都期待找到一份钟爱一生的事业,也期待工作和生活的融洽和平衡,实现完整又幸福的人生。

本书汇聚了众多职业女性的真实案例,她们中有宝妈、学霸、白领丽人、创业女神,她们的故事将激励你勇往直前,成为那个闪闪发光的自己。

我,和许多人一样,也曾经在命运的河流中随波逐流。三十岁之前,我如同一个牵线木偶,在社会的期待和旁人的目光下生活。做一个安分守己的女孩,寻求一份体面的工作,建立一个表面光鲜的家庭——按部就班地生活,这似乎就是我应该遵循的规则。

我在不同的角色间切换,演绎着别人眼中的我:乖巧的、文雅的、得体的、成功的……我就像一面多变的镜子，反射出每个人期望看到的我，却唯独忘却了真实的自己。

受到别人赞美和夸奖的时候，我会开心自信，动力满满；面对别人的质疑与评判我会自我怀疑，惶恐不安。

即便我的职业生涯还算顺利：毕业后进入国企，然后北漂进入自己喜欢的大公司，生完孩子重返职场的时候又顺利进入了世界五百强企业，我却在短暂光环下感到了前所未有的空虚，努力工作到底是为了什么？难道就只是为了完成绩效，博得老板的赞扬，或者周围亲朋好友的羡慕眼光吗？一定不是的。

在跌跌撞撞学习做一个母亲的过程中，我逐渐醒悟：原来我一直在为别人的期待而活，无论是在工作中，还是在生活中，一直在努力塑造别人眼中的我，我从来没有遵从过自己的内心，为自己活一次。而我更渴望我的孩子未来可以先勇敢地为自己而活。

于是，我开始重新审视自己30年的人生。我意识到，我首先应该成为真正的、完整的自己。

我不是任何人的附属品，我就是我，一个独立的、有思想、有情感的人。

我渴望自由和自主，也渴望在短短的几十年人生中做一些有价值感和成就感的事情，等我离开这个世界的时候，还能留下一些有意义的东西，而不是留下遗憾。

无论事业还是生活，我要为自己做选择，为自己30岁以后的人生负责。

在一次海岛旅行中，我体验了一个"冒险"项目：尝试学习驾驶飞机。这个决定，不仅让我获得了一次新奇的经历，更是帮助我打开了心中的一扇窗，窥见了一个从未想象过的全新世界。

那一刻，我仿佛成了天空的主宰，操纵着飞机在天际自由翱翔。每一次拉升，都让我感受到向上的力量和决心；每一次俯冲，都让我体会到冲破束缚的勇气；每一次盘旋，都仿佛在与天空共舞。

我的心情如同小鸟一般欢快，仿佛只要我愿意，就能够触碰到天空的边缘。

这次飞行体验让我深刻领悟到：只有不断挑战自我，才能发现更多潜在的可能。我需要拥有一颗强大的内心，不再是那个脆弱又讨好的自己，不再只为了赢得别人的赞许而努力。

而我深知，内心强大需要自己先拥有源源不断的活力和能量，只有自己的心力充足，才能给予身边的人力量，否则，终将外强中干，耗尽自己。

我心中那颗深埋已久的种子逐渐觉醒，它奋力挣破土壤，开始了勇敢又充满挑战的生长之旅。这颗种子，承载着我对美好生活的渴望，对梦想蓝图的描绘。

从互联网精英到全职妈妈，再到夫妻创业合伙人、路路女性生涯学苑创始人，我的人生经历了多次的转折和变化。每一个角色的转变，都伴随着新的挑战和压力，让我深刻体会到了人生的辛酸和无奈。

在职场上，我曾经为了一个项目夜以继日地工作，付出了无数的汗水和努力,却在事业最佳上升期时意外怀孕,因为身体原因不得不放弃我喜欢的工作。

生完孩子后,做了全职妈妈,我本以为可以享受到家庭的温暖和幸福,但育儿的艰辛和家庭琐碎却让我时常感到疲惫和无奈。孩子的哭闹、生病、成长问题,等等,都让我焦头烂额,甚至有时候让我感到自己无法胜任这个角色。

在回归职场到再创业的路上,更是经历了无数的困难和挫折。现金流的压力、市场的下行、不断学习新的知识、团队的培养和磨合、病痛等问题,都曾经让我倍感煎熬。有时候,我也会怀疑自己的能力和选择,不知道前方的路该如何走下去。

然而,正是这些辛酸和无奈的磨砺,让我越来越坚强和成熟。我学会了如何面对挫折和失败,如何调整自己的心态和情绪,如何在困难中寻找机会和希望,让事业和家庭一步一步迈向更美好的未来。这些经历也让我更加珍惜身边的人和事,更加懂得感恩。

我是从重重困境中逐渐觉醒并成长起来的而我身边还有太多像曾经的我一样在迷茫中徘徊的女性。"自己曾经淋过雨,所以很想为别人撑把伞",我们可以感同身受、携手共进、相互扶持——这是我做女性生涯事业的初衷,8年以来未曾改变。

到了今天,我创建的路路女性生涯学苑已经服务了上万名女性。

我们的宗旨是:左手专业,右手商业,越做越幸福。

我们的愿景是:影响上亿女性和1000万家庭的幸福。

我们的使命是：用女性生涯理念帮助女性成为自己的幸福人生规划师。

这份伟大又有意义的事业才刚刚起步，我会和更多志同道合的人，一起继续努力，不断传承下去。

当这份能量被唤醒，就如同种子在土壤中破土而出，迎接阳光和雨露的洗礼。我们需要勇敢地面对自己，精心浇灌这颗种子，让它在我们的生活中生根发芽，茁壮成长，绽放出晶莹的花朵，结出丰硕的果实。这是一场关于自我探索和成长的旅程，虽然充满挑战，但也充满希望与无限可能。

目　录

自序

第一章　追本溯源：破解女性发展的能量密码……………… 1
　　第一节　揭开女性能量的神秘面纱………………………… 2
　　第二节　霍金斯能量表与女性成长的深度解析…………… 12
　　第三节　职业女性：在挑战中绽放独特的光彩…………… 20
　　第四节　探寻抑制女性能量的五大"隐形杀手"………… 26
　　第五节　精确评估：揭秘你的能量状态…………………… 35

第二章　直面挑战：解读职业女性低能量之谜……………… 45
　　第一节　深入剖析五种常见的"害怕"情绪……………… 46
　　第二节　揭示影响女性职业发展的八种低能量状态……… 56
　　第三节　低能量职场人面临的四种困境…………………… 66
　　第四节　低能量情绪对身心健康的隐秘侵袭……………… 77

第三章　能量升级：职场与人际关系的成功策略…………… 83
　　第一节　从内而外，逐步唤醒你的内在能量……………… 84

第二节　全面滋养：积极心理营养的吸收与运用 ……… 95
第三节　主动沟通：构建高效人脉网络的秘诀 ……… 106
第四节　高效决策与创新思维：推动职场卓越表现 …… 117

第四章　转型与超越：新时代女性的全局智慧 ……………127
第一节　观局：洞察新时代女性的全方位视野 ……… 128
第二节　锚定：重新定义人生，实现内外幸福平衡 …… 140
第三节　启动：高能量女性的五大转型策略 ………… 153
第四节　加速：发掘并整合你的隐藏资源 …………… 162
第五节　循环：利用正向反馈驱动持续增长 ………… 180

第五章　绽放真我：高能量女性的觉醒之旅 ……………… 197
第一节　涅槃重生：从低谷中逆袭 …………………… 198
第二节　明确目标：向更高层级跃进 ………………… 207
第三节　人生跃迁：左手专业右手商业 ……………… 214
第四节　共融共生：从个体奋斗到家族繁荣 ………… 226

参考文献 ……………………………………………………… 239

WOMEN

第一章

追本溯源：破解女性发展的能量密码

第一节 揭开女性能量的神秘面纱

"月亮美得动人，但光不是自己的；人想要真正耀眼，得自己努力发光才行。"

一个宁静的秋日夜晚，6岁的女儿趴在阳台的躺椅上，抬头仰望着天空。天空中挂着一轮明亮的月亮，银色的光芒洒落在她的脸上，给她的脸庞镀上了一层柔和的光。女儿目不转睛地注视着月亮，脸上洋溢着纯真的笑容。

"妈妈，你看月亮好美呀！"女儿用充满惊奇的声音说道。

我微笑着走到她的身边，轻轻地抚摸着她的头发，温和地解释道："是的，宝贝，月亮很美！不过它本身是不会发光的，它之所以看起来这么美，是因为它反射了太阳的光，你摸摸，月光是不是不暖和？"

女儿张开了小手伸出窗外，然后回过头，眼神坚定地说："月光真的不暖和，那我不做月亮，我要做太阳！"

我心中一阵悸动，仿佛有一股暖流淌过："好啊，宝贝，那你就努力成为自己的小太阳吧。"

女儿长大了，成了一个活泼温暖的小太阳，还做上了学生会会长，有点中二还有点热血，她有一个稚嫩的梦想：要成为一个造福一方的清官。

在生活的每个角落，每个细微的瞬间，我们都在与一种无形的力量亲密互动。它并非物理的力，也非化学的反应，而是一种更加微妙、深邃的存在——能量。"能量"是物理学中的一个基本概念，是用来描述系统状态的重要物理量，它表示了物理系统做功的能力。

从微观到宏观，从简单到复杂，在我们生活中能量的影子无处不在：

早晨，当太阳的光照在脸上时，我们就接收到了太阳给的能量；做饭时，火让食物变得好吃，因为它给了食物热能；在大自然里，风和水，也可以变成我们用的电或者让机器转动的能量，给我们的生活带来很多便利；

跑步或走路时，我们的身体用掉了一些能量，但这些能量又变成了让我们动起来的力气；当我们和朋友聊天，分享想法时，其实也是在交换能量，让我们的心情更加愉快；

然而，能量并不总是如此高涨和积极。有时候，我们也会感到疲惫不堪，仿佛被一股无形的力量拖住，无法摆脱困境。那种感觉就像是身体被掏空了一样，整个人都变得懒洋洋的，什么也不想干。走路都觉得累，好像腿上绑了沙袋一样。有时候明明想干点事，可大脑却像短路了一样，反应迟钝，集中不了精神。身体上也会有一些不舒服，比如肌肉酸痛、四肢沉重，有时候还会觉得头晕晕的，全身没力气。晚上想睡个好觉也难，躺在床上翻来覆去睡不着，导致第二天更加没精神。心理上也会受影响，情绪容易低落，对自己和生活都感到失望。有时候甚至会觉得未来一片迷茫，不知道自己想要什么，也不知道该往哪里走。

缺乏能量的状态真的很糟糕，整个人都变得颓废和消极。所以，当我们感到缺乏能量时，就要好好调整自己，找回那种充满活力和热情的状态。

一、女性的能量其实是多维度的

从内向外延伸,我们可以把女性的能量分为体力能量、情绪能量、思维能量和创造力能量(如图1-1所示),这些能量形式相互交织、相互影响,共同构成了我们内在的能量场。这些能量就像是我们生命中的四季,时而春华秋实,时而夏日炎炎,时而冬日皑皑,每个季节都有它独特的魅力和价值。

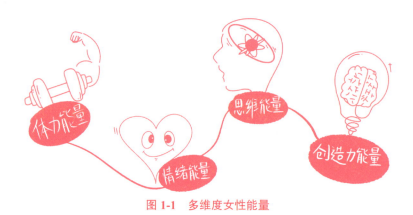

图1-1 多维度女性能量

体力能量是我们能最直观感受到的能量形式,它支撑着我们的身体活动,使我们能够行走、跑步、跳跃和劳动。当体力充沛时,我们感到充满活力;而当体力不足时,我们就会感到疲惫和无力。

保持适当的运动和休息是提升体力能量的关键。就像花朵需要雨露的滋润和阳光的照耀一样,我们的身体也需要适当的运动和休息来保持活力。

情绪能量是我们内在世界的反映，它可以是积极的，如快乐、兴奋和欢喜；也可以是消极的，如悲伤、愤怒和恐惧。情绪的能量具有传染性，它可以影响我们周围的人，反过来也受到周围人的影响。

因此，学会管理和释放情绪是提升情绪能量的关键。当我们能够积极面对生活中的挑战和困难，保持乐观的心态时，我们的情绪能量就会得到提升。就像春天的花朵，即使经历了冬天的严寒，依然能在春天绽放出美丽的花朵，散发出迷人的芬芳。

思维能量是我们理解世界、解决问题和创造新事物的工具。一个思维活跃的女性往往能够更好地应对生活中的挑战，发现更多的机会并实现更高的成就。保持专注力、记忆力和创新力是提升思维能量的关键。我们可以通过阅读、学习、思考等方式来锻炼自己的思维能力，让自己的大脑保持活跃和敏锐。就像一条清澈的小溪，只有不断地流动才能保持水的清澈和活力。

创造力能量，使我们能够超越现有的框架和限制，创造出新的艺术、科技和文化。创造力的能量源于我们的想象力和探索精神。一个充满创造力的女性总是能够带给世界新的惊喜和可能性。因此，保持好奇心、探索精神和创新意识是提升创造力能量的关键。我们应该勇于尝试新事物，挑战自己的极限，让自己的创造力得到充分的发挥和展现。就像一片繁星点点的夜空，我们只有不断地探索和发现，才能领略到宇宙的无限奥秘和美丽。

以上四种能量形式并不是孤立的，而是相互交织、相互影响的。当我们学会整合和提升这些能量时，我们将变得更加自信、有力和充实，我们的生活将变得更加丰富多彩，世界也将因我们的存在而变得更加美好。就像一幅绚丽多彩的画卷，只有各种颜色的相互映衬和融合，才能呈现出美丽的风景。

然而，现实生活中我们常常会遇到各种挑战和困难，导致我们的能量状态下降。长期处于负能量状态或者因为某个重大的打击而深陷其中无法自拔时，我们就会产生内心的痛苦并影响我们的身心健康和人生轨迹。

由此可见，保持积极的能量状态对于女性的身心健康和人生发展至关重要。

二、如何保持积极的能量状态

学习物理课程的时候我们知道：运动着的电荷会产生磁场。

中国科学院和清华大学的专家们通过测量证实，人体同样有规律性的生物电流通过，会产生磁信号，也就是说人体也是存在磁场的，也被称为人体能量场。

而我们所能感受到的能量场信号，通常是态度、气质、行为方式等外显信息。

每个人都有自己独特的能量场，所以表现出来的气质和行为也是不同的，我们通常称其为"气场"。比如，经常会听到对某位大人物的评价:"哇,这个人的气场好强大!"

即使在同样的环境下,心态不同,人的磁场所散发出来的能量也不同,人生际遇也会不一样。

美国成功学院对千余名世界翘楚的研究揭示了一个深刻的道理:**积极的心态,竟能决定成功的85%。**

你以何种心态面对生活,生活便以何种方式回馈你。这一点,在无数杰出的女性身上得到了生动体现。

奥普拉·温弗瑞,一位传媒界的女强人,从一个贫困的儿童成长为世界知名的脱口秀主持人。她曾遭受过虐待和歧视。母亲在她很小的时候就离开了家,她不得不在祖母的农场里过着艰苦的生活,经常穿着用马铃薯袋子制成的衣服,还因此被嘲笑为"麻袋女孩"。童年时,她还遭遇过强暴。然而,奥普拉并没有被这些困境所击败,她甚至更加坚定了积极面对生活的信念。她以真诚和同理心赢得了观众的喜爱,也用自己的故事鼓励了无数在困境中挣扎的人。奥普拉的成功,不仅仅是才华和努力的结果,更是她积极心态的必然产物。

无论身处何种境遇,积极的心态都是改变命运的关键,它能让我们在困境中看到希望,在挫折中找到力量,在挑战中不断成长。

著名的心理学家大卫·霍金斯说过:**"一个正能量的人,他的能量场会带动万事万物变得有序和美好。"**

消沉悲观的心态,只会产生负能量,让自己的能量场变差,吸引更多消极因子,形成恶性循环。而积极乐观的心态,能巧妙地绕过很多麻烦事,让一切有序不紊地进行,让好运纷沓而至。

俄罗斯科学家科罗特科夫，曾经拍摄过一组能量场的照片，不同能量状态以不同的光晕反映出来，如图 1-2 所示。对比发现：表现出爱、自豪、喜悦等情绪的人能量是强的；表现出焦虑、抑郁、沮丧等状态的人能量是弱的。

图 1-2　不同能量状态的反应

就像我们经常形容一个人的不同状态：

"快乐得像小鸟一样飞起来了。"

"幸福得心里冒着粉红泡泡。"

"悲伤得站都站不起来。"

"痛苦得好像要死去。"

思想如同磁铁一般，具有相互对立的两极：正向的思想吸引着美好与幸运，而负向的思想往往招致不幸与困境。

因此，**若想自己的人生更加美好，首要之务便是调整自己的心态，塑造一个积极向上的能量场。**

接下来，分享四个有助于保持积极能量场的秘诀，而我自己也在不断地自我修炼中：

○ 坚定信念

当我们的思想聚焦于某一领域时，与之相关的人、事、物便会被吸引而来。正如人们常说的"心想事成"，当我们内心充满积极、正面的想法，坚信自己能够达成某个目标时，身上仿佛有一股无形的力量在为我们加油打气，让我们的前行充满动力。同时，这种积极向上的心态也会像阳光一样，吸引来更多的机遇和好运。

○ 保持正向心态

《秘密》一书中提到，我们的思想决定了事态的发展方向。而那些只看到花朵上刺的人，往往会错过生活中的美好；相反，那些看到刺上花朵的人，则更有可能收获幸福与喜悦。因此，保持积极乐观的心态至关重要。当我们用积极的心态去面对生活时，我们会更容易发现生活中的美好与机遇，从而激发出自己的潜能。

○ 付诸实践

董明珠，格力电器的董事长兼总裁，一位受人尊敬的职业女性，她的事迹在中国乃至全球商界都广为人知。加入格力电器时，她也面临着巨大的挑战，当时的格力正处于困境之中，需要有人带领公司走出低谷。面对挑战，董明珠没有退缩，她果断采取了一系列措施，改革公司的管理制度，提升产品质量，加强市场营销。她深知，要想让格力电器重新崛起，仅仅依靠信念和态度是远远不够的，必须付出切实的努力。在她的带领下，格力电器逐渐走出了低谷，成为中国乃至全球家电行业的佼佼者。董明珠也因此成为备受尊敬的企业家，她的故事激励着无数人勇敢地追求自己的梦想。

董明珠的成功告诉我们,无论我们的目标多么远大,只要我们敢于将信念转化为行动,付出不懈努力,就一定能够实现。

○ **多多接近正能量**

"近贤则聪,近愚则聩",这句话的意思是,接近有智慧、有德行的人,会使自己变得聪明,而接近愚蠢的人,会使自己变得愚昧。因此,我们应该努力接近那些积极向上、充满正能量的人,他们会给我们带来正面的影响,让我们拥有相似的能量场和运势。同时,我们也要学会避免与负能量的人接触,以免受到他们消极情绪的影响。

我们女性就像一棵大树,能量就是树根,深深地扎入土壤,从大地中汲取养分。为了生活得更加精彩,我们需要不断地给这棵"树"浇水、施肥,让它茁壮成长。"精心浇灌"不仅让我们身体强健,情绪稳定,还能让我们思维更加敏捷,创造力无限。

生活中的每个瞬间,都充满了能量的流动。当我们学会从身边的环境中获取正能量时,就像是为这棵"树"浇水施肥,挥洒甘霖,让它更加坚强,更加美丽。

本节练习

用"魔镜能量提升法"更好地认识自己,发现自己的优点和美丽之处,进而提升自信心适用于日常练习:

1. 在光线明亮的房间里，站在一面大镜子前，放松身体，保持自然站姿。

2. 注视自己的眼睛，深呼吸，感受自己的呼吸和身体的存在。

3. 对着镜子微笑，尝试让自己的笑容更加自然和真诚。可以想象一些让自己感到开心的事情，让自己的情绪更加积极。

4. 观察自己的面部特征，发现自己的美丽之处。可以注意自己的眼睛、鼻子、嘴巴、脸型等，从中找到自己喜欢的特点。

5. 尝试不同的表情和姿势，看看哪种最能展现自己的自信和魅力。可以试着挺胸、收腹、放松肩膀，让自己的身姿更加优美。

6. 对着镜子说一些积极的话，例如"我很漂亮""我很聪明""我很优秀"等，这些话语可以帮助你树立自信和培养积极的心态。

7. 在镜子前进行一些自我肯定的练习，例如回顾自己过去的成就和优点，或者想象自己未来取得更大成功的场景。

请注意：镜子练习并不是简单地看着自己，而是要通过观察和思考，找到自己的自信和魅力所在。同时，也要记得保持真诚和自然，不要过分强求或刻意摆姿势。只有真正喜欢自己，才能散发出真正的自信和魅力，能量满满。

第二节 霍金斯能量表与女性成长的深度解析

"情绪的能量，如同夜空中最亮的星，不仅照亮了我们前行的道路，更能指引我们走向内心深处那片最纯净、最美好的天地。"

在人类的心灵深处，情绪犹如一股隐形的力量，不断塑造着我们的思维、行为和健康。而情绪并非捉摸不透的幻影，实际上它们是可以度量的。接下来，我们一起探索以情绪状态反映生命体能量的奇妙方法：霍金斯能量表。

霍金斯能量表由美国心理学家大卫·霍金斯博士精心构建，他将人类的情绪和意识状态与身体的生物电磁波频率紧密相连，为我们揭示了一个全新的世界。

霍金斯能量表的原理基于生物电磁能量的测量，通过对人体能量场的扫描和测量，获取到人体能量的数值。生物电磁能量是人体生命活动的基石，来源于食物、水，以及我们呼吸的氧气，同时也会受到周围环境、人际关系、心理状态等因素的影响。

霍金斯能量表在多个领域有广泛的应用，包括营养学和健康管理、临床治疗、科学研究等。在营养学和健康管理方面，它可以帮助人们计算出每天所需的热量摄入量，以维持良好的营养平衡。在临床治疗方面，医生和营养师可以利用它对患者的能量需求进行详细的评估，制订个性化的治疗计划。在科学研究方面，可以用于研究人体能量代谢、新陈代谢和热量消耗等原理，为神经生物学、代谢疾病、肥胖症等领域的研究提供重要参考。

霍金斯能量表分为不同的能量状态，每个状态都反映了人们内在的意识水平和能量振动频率，如图1-3所示。这些层级并不是孤立的，而是相互关联、相互影响的。

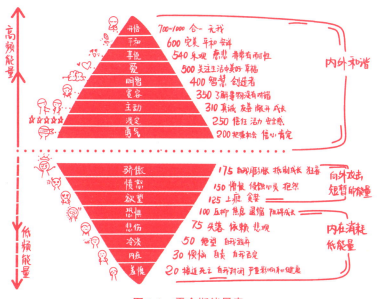

图1-3 霍金斯能量表

霍金斯能量表不仅在个人成长、心理治疗和教育领域大放异彩，更是职业女性发展的一盏指路明灯。它可以帮助女性更好地认识和理解自己的情绪和意识状态，从而在事业中乘风破浪，勇攀高峰。

从低到高，我把霍金斯能量表重新划分为：内在消耗、向外攻击、内外和谐三个等级。

最低等级：内在消耗——陷入心灵的迷雾

8年咨询经历中，我见过太多高学历、高收入却内心能量非常低的女性，她们身上有一些明显的特征：

○ **心情像过山车**：有时候很开心，但转眼就变得很低落；一点儿小事就可能让她们大发雷霆。

○ **老觉得自己不够好**：即使别人夸她们，她们心里也会嘀咕："真的吗？我值得吗？"

○ **快乐不起来**：好像对什么都没兴趣，很难真正开心起来，看起来很高冷，实则真的不开心。

○ **心里总是悬着一块石头**：感觉像有座大山压在胸口，喘不过气来。

○ **容易往坏处想**：遇到事情，第一反应往往是"万一失败了怎么办？"或者"我肯定做不好"。

○ **脑袋像糨糊**：很难集中精力，经常走神，或者突然忘记自己要做什么。

○ **总觉得累**：没做什么体力活，都感觉身体被掏空，哪儿都不舒服，去医院又查不出来。

○ **睡不好觉**：要么躺在床上翻来覆去睡不着，要么一晚上醒好几次，长期失眠。

这些表现其实都是内心能量低落的信号。长此以往，不仅生活质量会大打折扣，还可能引发更严重的心理问题。

这些表现对应在霍金斯能量表的底层，是一片阴暗的能量沼泽。长期的羞愧、懊悔、无助、悲伤和恐惧会无情地吞噬女性的精气神,使女性在职业道路上步履维艰。

○ **羞愧(20)** 犹如心灵的自杀,让人无地自容,恨不得找个地缝钻进去。这种能量级不仅严重摧残身心健康,还可能让职业前景黯淡无光。比如,在员工述职大会上忘了词,全身冒汗,头脑一片空白,这个时候能量级处于极低水平。

○ **内疚(30)** 表现是多方面的,包括情绪低落和自责,反复思考和自我怀疑,甚至难过到失眠。比如,天气突然转凉,妈妈早晨忘记给孩子穿上厚衣服,导致孩子感冒,妈妈会感到万分内疚。

○ **冷淡(50)** 表现为失望和无助感,让女性成为职场中的受害者。缺乏资源和运气的我们,很容易在激烈的竞争中落败。对什么都提不起兴趣,不相信自己,也不相信别人,甚至有抑郁的倾向。

○ **悲伤(75)** 是失落和依赖的泥潭,当面临失败或者打击时,往往会沉溺于过去的懊悔和自责中无法自拔。在这种能量级的影响下,人生变得灰暗无光,希望渺茫。

○ **恐惧(100)** 则从内心深处向外界投射出危险的信号,使女性在职场中步步惊心。长期的恐惧和焦虑不仅阻碍个人成长,还可能对职业发展造成难以弥补的损害。

我的来询者中有一位名叫李华的高管,在一家知名公司担任重要职位。她拥有出色的学历和丰富的工作经验,但内心深处却长期被恐惧所困扰。她害怕自己的决策不被认可,担心因为性别而受到不公平的对待,甚至担忧自己的职业成就最终会因为某种不可预见的因素而付诸东流。

这种恐惧导致李华在工作中如履薄冰，每一次决策都小心翼翼，生怕出错。她过度分析同事和上级的言行，试图从中解读出潜在的威胁和不利信息。这种长期的恐惧和压抑状态不仅影响了她的工作效率和创造力，还导致她在与同事和上级的交往中变得敏感多疑，职场人际关系非常紧张。

李华的问题有深层次的心理状态原因，它涉及自我认知、自信心以及对外界评价的过度敏感。

中间等级：向外攻击——打破困境的枷锁

当女性开始从向内消耗转向向外攻击时，我们开始释放内心的愤怒和挫败感，勇敢地面对职场中的挑战和困境。这种能量转变表现为对外部环境的积极应对和逐渐坚定信念。

欲望驱使、敢于表达愤怒不满，这些因素推动女性勇敢争取自己的权益和地位。虽然具备了一定的能量，但是依然处于低能量层级，因为这种力量是短暂、有条件的，缺乏外在的激励就很难持续。比如，当公司给的待遇不够、老板的忽视、客户的爱答不理……内心动力感很快就会消失，重新陷入消极和迷茫的状态。

○ **欲望（125）**是女性职业发展的强大动力，它驱使着女性不断追求更高的目标和成就。然而，过度的欲望也可能导致盲目和贪婪，因此女性需要学会在追求中保持平衡。

○ **愤怒（150）**是面对挫折和不满时的自然反应，它激发了女性的斗志和勇气。但愤怒也容易引发怨恨和复仇心理，因此女性需要学会以更积极的方式表达和处理愤怒。比如，面对无理取闹的客户，工作中被诬陷误解，怎么办？只有愤怒是远远不够的,还需要保持理性,更好地保护自己,解决困境。

○ **骄傲(175)** 是女性在职场中建立自信和自尊的重要基石。然而,过度的骄傲可能导致傲慢和不逊,阻碍个人的成长和进步。因此,女性需要保持谦虚和开放的心态,不断学习和提升自己。

最高等级:内外和谐——绽放人生的光彩

当跨越200的能量门槛时,女性便开始进入内外和谐的美妙境界。在这个层次上,女性不再被内心的恐惧和焦虑所束缚,也不再盲目追求外界的认可和成功。

相反,开始关注自己的内心需求,追求真正的幸福和满足。这种和谐的状态不仅提升了女性的心理健康水平,也为女性在职场中的表现带来了积极的影响。我们以更加自信、从容和富有创造力的姿态出现在职场中,成为团队中不可或缺的力量。同时,我们也更加懂得如何平衡工作与生活的关系,享受职场带来的成就感和满足感。

○ **勇气(200)** 是女性拓展自我、获得成就和坚忍不拔的根基。在这个能量级上,女性有勇气面对职场中的挑战和困难,敢于追求自己的梦想和目标。我们不再畏惧失败和挫折,而是以积极的心态迎接每一个机遇和挑战。

有勇气面对一切,包括面对自己过去的失败和正视接纳自己的不足。

在这个过程中,女性学会了如何从失败中汲取教训,如何通过反思和改进来提升自己的能力和智慧。我们以积极的心态看待每一个机遇和挑战,把每一次经历都视为成长的机会。

○ **淡定（250）**则让女性在职场中保持冷静和理智，不被纷繁复杂的表象所迷惑。我们能够从容应对各种复杂情况，以平和的心态处理职场中的人际关系和工作任务。这种淡定的态度不仅让女性在职场中更加受欢迎和赢得尊重，也为我们带来了更多的机会和资源。

○ **主动（310）**是女性在职业中脱颖而出的关键。在这个能量级上，女性不仅能出色地完成工作任务，还能主动寻求更多的机会和挑战。我们以积极的态度面对工作中的每一个细节，不断学习和提升自己的能力。这种主动的精神让女性在职场中获得了更多的成长和进步，也可以获得更多的人脉资源。

○ **宽容（350）**则让女性更加包容和理解他人。我们不再因为小事而斤斤计较或产生过激的情绪反应，而是以宽容的心态看待一切。这种宽容的态度不仅让女性在职场中建立了良好的人际关系，也为我们带来了更多的合作机会和发展空间。同时，宽容也让女性更加懂得如何平衡工作与生活的关系，更享受职业带来的成就感和满足感。

○ **明智（400）**是女性在事业中做出明智决策和判断的基础。在这个能量级上，能够理性地分析各种情况和问题，做出符合自己职业发展的最佳选择。我们不再被情绪所左右或盲目跟从他人意见，而是以独立的思考和判断为自己的职业道路保驾护航。这种明智的态度让女性在事业中更加自信和坚定地走自己的路。

因为自己清楚了：别人怎么看自己不再重要，关键是我怎么看待自己。

○ **爱（500）** 则是女性传递正能量和建立深厚人际关系的源泉。在这个能量级上，女性以无私的爱和关怀对待身边的每一个人和事。我们不仅关注自己的利益和需求，也关心他人的感受和成长。这种爱的力量让女性建立了广泛的人脉和深厚的友谊，为我们的职业发展提供了有力的支持。同时，爱也让女性更加懂得如何珍惜和感恩职业中的每一个机遇和挑战。

张桂梅校长曾说："我想要改变一代人，不管是多少数量，只要她们过得比我好，比我幸福，就足够了，这是对我最大的安慰。"这样的无私大爱支撑着她数十年如一日地投身于乡村教育事业，帮助一个个女孩走出大山。

当女性继续向上提升能量级时，我们将逐渐达到**喜悦（540）、平和（600）**以及**开悟（700~1000）**的境界。在这些高能量级上，女性将体验到无与伦比的幸福感和内心宁静，我们将超越职场中的一切纷扰和挑战，以更加高远和宏大的视角看待自己的职业发展和人生道路。同时，我们也将成为身边人心目中的领袖和楷模，为他们带来更多的启示和鼓舞。

因此，对于女性来说，了解并应用霍金斯能量表不仅可以帮助我们更好地认识和理解自己的情绪和意识状态，还可以为我们的职业发展提供有力的指导和支持。通过不断提升自己的能量级，女性将在职业发展中绽放出更加璀璨的光彩。

水有三种状态，人生也有三种状态，水的状态是由水的温度决定的，人生的状态是由自己心灵的温度决定的。

假若一个人对生活和人生的温度是0℃以下，那么这个人的生活状态就会是冰，他的整个人生、世界也就不过双脚站的地方那么大。

假若一个人对生活和人生抱着平常的心态，那么他就是一掬常态下的水，能奔流进大河、大海，但他永远离不开大地。

假若一个人对生活和人生是100℃的炽热，那么他就会成为水蒸气，成为云朵，他将飞起来，他不仅拥有大地，还能拥天空，他的世界和宇宙一样大。

本 节 练 习

结合霍金斯能量表来判断你现在的能量状态稳定处于哪个层级位置？感受如何？（偶尔有起伏变化没有关系，只要大多数时候能够保持这个状态即可。）

第三节 职业女性：在挑战中绽放独特的光彩

"这个世界上没有完美的工作，关键看你更在意的是什么，同时考虑你不同阶段的诉求。"

当我的孩子还是两岁的小天使时，我做出了一个重大的决定——换工作。那时，我的工作薪水可观，同事关系融洽，但频繁的出差让我每个月有一半的时间都在空中度过。深夜拖着沉重的行李箱回家，只能看到孩子熟睡的脸庞，这种生活让我疲惫不堪。

那时候的我渴望找到一份更稳定的工作，能够有更多的时间陪伴孩子。于是，我毅然再次踏上了求职之路。目标很明确：大公司、国企、不出差。那一年，我28岁。历经半年的艰苦奋战，我通过了五轮线下笔试、复试、线上考试、线下面试、心理测试，再经过背景调查，最终以大约1∶500的比例胜出，成功进入了一家知名国企，担任管理岗位。

刚开始的时候，一切都如我所愿。亲朋好友的赞美声让我倍感自豪，我也为自己能够兼顾事业和家庭而感到欣慰。

然而，虽然国企待遇比较好，工作也相对稳定，但同时也存在一些束缚人的地方。孩子上幼儿园以后，我的个人精力又被腾挪出来更多，这份工作的"稳定性"优势也越来越不明显，我甚至感受到了一丝倦怠。

我开始重新思考：自己到底更需要一份什么样的工作？自己更在意的又是什么呢？

我的内心深处其实更在意工作带给我的成就感和自主性。只是孩子很小，我暂时把自己的核心意愿抑制了。

核心意愿是你深埋在心底的种子，一旦有了复苏的土壤，它就会像野草一样疯狂地生长。

经济学里面有一个不可能三角理论：一个国家不能同时实现资本流动自由、货币政策的独立性和汇率的稳定性，也没有任何一种投资方式能够同时满足：高收益、高流动、低风险。同样，**不可能三角理论在选择事业的时候也适用，稳定、自由与高薪，三者也难以同时兼顾**，如图1-4所示。我们需要根据自身需求，做出明智的取舍。

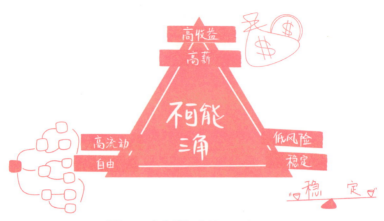

图1-4 事业选择中的不可能三角

每个企业都有其独特的魅力与不足：若追求稳定，则需舍弃部分自由；若向往自由，高薪或许难以企及；渴望高薪，则可能需付出更多的时间与精力。

我深刻反思：其实，稳定并非我长期首选。

两年后，前同事邀请我共同创业。深思熟虑之后，我选择了离职，与领导告别时，他鼓励道："若有一片自由的天地，你的才华一定能绽放得更加耀眼。"

时光荏苒，十余年转瞬即逝。我与先生共同创业，后又专注于女性生涯规划，创建了路路学苑，我希望这份事业能够做一辈子，去影响到一亿女性及千万家庭的幸福。

信念在心，一切皆有可能。如今，我心中的蓝图正逐渐变为现实，未来正按照我的设想，一步步铺展开来。

女性成长的秘密武器——逐步建立属于自己的强大内在能量场。亚里士多德有句话，"唯有克服了内心的恐惧，才能获得真正的自由",每次遇到挑战,心里的小恶魔就会跳出来吓我们,只有勇敢地面对这些恐惧,才能真正活得精彩。

正如我们所知,每个人心里有一个看不见的能量场,这个能量场就像个磁铁,把跟我们相似的人和事都吸过来。

心里充满正能量的时候,生活就像阳光明媚的大晴天,暖洋洋的;心里要是装满了负能量,生活就变得跟阴雨天似的,冷冰冰的。

正能量,就像手里捧着的一杯热乎乎的拿铁,温润全身。它让我们看到生活里美好的一面,对人也更和善、更包容。有了正能量,我们会觉得世界其实没那么复杂,之前可能只是戴了副负能量的眼镜。

我们会变得更乐观、更积极,每天都过得挺开心。身体也健康,工作也顺利,跟周围人的关系也更好,这是一个正向的循环,如图1-5所示。

我们可以把正能量比喻成晴朗的天空,它是明媚而广阔的,充满希望和动力。当天空中布满厚重的乌云,会遮挡住阳光,让人感到压抑和沮丧,这就是负能量。

因为某一件事情(升职失败、加薪没成功、丢了客户单子、和同事吵架等)你会感觉很难受,开始消沉,对同事、客户产生敌意,甚至开始自我攻击,感叹这世界真复杂不友好,并且因此情绪低落,身体日渐消瘦,破罐子破摔,路越走越曲折,这是一个负向的循环,如图1-6所示。

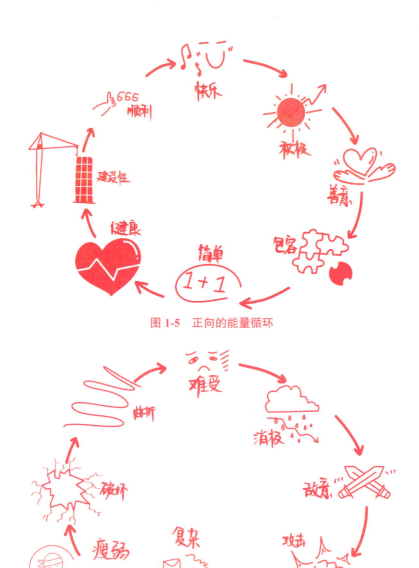

图 1-5　正向的能量循环

图 1-6　负向的能量循环

当你感觉情绪有点低落,状态不太对劲的时候,找个知心朋友聊聊天,或者找个专业的咨询师说说心里话,也许就能让你豁然开朗。再不济,也可以去做一些自己喜欢的事情,让身心都得到放松和愉悦。

我们还要意识到周围环境对我们的负面影响。如果我们身边都是一些充满负能量的人,那么我们也会很容易被他们所影响。他们会像病毒一样传播他们的负能量,让我们也陷入其中。

你要知道正能量也不是无敌的哦!它也有可能会被负能量"带偏"。如果你身边有个整天抱怨社会、厌恶生活的人,时间一长,你可能也会被他们的情绪所影响。所以,要记得保持自己的心态和情绪,远离那些总是怨气冲天的人,别被负能量给"拖下水"了。

多和乐观积极的朋友们在一起,他们就像是一群小太阳,聚在一起互相取暖、互相鼓励。一起面对困难、一起渡过难关。

我们要成为那些在逆境中依然能绽放的美丽花朵,无论环境多么艰难,都要展现出自己的美丽与坚韧。就像花朵在阳光下尽情绽放,我们也要在生活中展现自己独特的魅力,让每一个瞬间都闪闪发光。

本 节 练 习

现在请你闭上眼睛想一想:

你的正能量更多,还是负能量更多?你身边正能量的人更多,还是负能量的人更多?

如果你的答案是前者更多,那么恭喜你!你已经拥有了一个强大的内在能量场!

如果你的答案是后者更多,那么也不要灰心!从现在开始调整自己的心态和情绪吧!

让自己的生活变得更加美好!

第四节　探寻抑制女性能量的五大"隐形杀手"

"无论我怎么挣扎,都觉得自己仿佛被困在一片灰暗的迷雾中。"

一场温馨的线下聚会上,我偶遇了"小猫",她话语稀少,却在一次互动环节中,给我递上了一张手绘的卡片——一只精致的 Hello Kitty 猫跃然纸上,旁边写着:"谢谢温暖的你……"

我欣喜地收下这份礼物,夸赞她的绘画天赋。课程结束后,她小心翼翼地添加了我的微信,吐露了她的心声:"听说您是女性职业生涯规划的专家,我想找您聊聊。"

她的故事如同一部现实版的"她在困境中挣扎"。从离开设计公司,到遭遇自由职业的波折,再到如今的经济困顿、情感失落,她的生活几乎陷入了一个无法逃脱的旋涡。

"我需要的收入,远远超出现在能赚到的。"她坦言,自己带着一个 12 岁的儿子,存款却被父母紧紧管控,她感到无比束缚。而这一切的根源,都指向了那个充满压力的原生家庭。

深入了解后,我得知她在严格的家庭教育中长大,父母都是高级知识分子,但是母亲的责骂和否定如影随形。30多岁了,母亲还会指着她的鼻子骂她:"你这个废物!"

在这样的环境下,她渐渐失去了自信,甚至一度陷入抑郁的深渊。

我看了她很多的设计作品,细腻而富有情感,每一幅都仿佛藏着一个凄美的故事。然而,在工作中,她却总是因为无法与人顺畅沟通而屡屡碰壁。自由职业的道路更是充满了挑战和不确定。

像"小猫"这样的女性,我遇到过很多。她们内心的孤独和不自信,往往源于原生家庭的伤痛。这种伤痛如同一个沉重的枷锁,束缚着她们前行的脚步。

影响女性能量状态的因素,远不止原生家庭这一个。生理健康、教育水平、自我认知和感情状态,都是女性生活中不可忽视的重要方面。

一、原生家庭影响

原生家庭的影响,就像一道深深的烙印,刻在我们每个女人的心上。有时候,你会发现,这些影响就像一块隐形的石头,压得你喘不过气来。

原生家庭对一个人的影响,真的不只是小时候的事情,它就像个影子,一直跟着你,影响你的工作、你的感情,还有你的每一天。我接触过的咨询对象中,85%的女性表示她们曾经在原生家庭中受过伤,重者被虐待和家暴,轻者遭受过忽视、冷漠，或者控制。

想要摆脱原生家庭的不良影响并不能一蹴而就。这不仅仅是一句"你已经长大了，应该对自己的人生负责"所能解决的问题。原生家庭的影响深远且复杂，它涉及个体的心理、情感和行为模式，这些模式可能在个体成长的过程中被无意识地内化和吸收，从而影响一个人的自我认知、人际关系、情感表达和应对方式。为了摆脱这些不良影响，我们需要付出持续的努力。

首先，了解缘由是至关重要的。我们需要回顾自己的成长经历，识别原生家庭中可能存在的问题，如沟通方式、教育方式、家庭氛围等。通过深入了解这些问题，我们可以意识到哪些行为或思维模式受到原生家庭的影响。改变自己，从理解自己、理解过去开始。

其次，自我和解是一个关键步骤。我们需要正视并接受自己的过去，理解并原谅自己在成长过程中可能受到的伤害。通过心理咨询、冥想或与信任的朋友和家人分享，我们可以逐渐释放内心的负面情绪，如愤怒、悲伤或羞耻感。

最后，走出泥潭需要时间和努力。这个过程包括建立更健康的人际关系、学习新的应对策略、培养自我意识和情绪管理能力等。不同的人可能需要尝试不同的方法，进而找到适合自己的方式，以此处理和克服原生家庭的不良影响。

传统的中国父母都有自己的局限性，他们的原生家庭也许也并不幸福，他们也不知道怎么去对孩子、对伴侣表达爱。缺乏表达和沟通，导致了我们和父母的关系变化不定，有时候亲密无间，有时候又充满怨恨。

但是，怨恨并不能解决问题，反而会让事情变得更糟。我们要学会察觉这种怨恨，然后慢慢去释放它，不要让它在心里越积越多。

想象一下，如果我们能勇敢地表达自己的感受：告诉父母我们想要什么，告诉伴侣我们身体哪里不舒服，这个世界是不是会变得更美好呢？

每个女人都有她的故事，原生家庭就是其中的重要一章。**但就算过去再不好，我们也不能让它决定我们的未来。我们要勇敢地做自己，和自己的原生家庭和解，不是原谅过去受过的伤害，而是和自己的过去和解，放过自己。**

每个人都可以改变自己，并主宰自己的命运，勇敢地追求自己的梦想，不要被那些老旧观念和条条框框束缚住。只要我们有决心，勇敢面对过去，不怕困难，就一定能活出自己的精彩。那些过去的伤痛和阴影，就让它们成为我们前进路上的垫脚石，帮助自己踩得更稳，走得更远！

二、生理健康问题

身体不舒服，也是对女性的一大困扰。它不仅折磨着我们的肉体，还悄无声息地侵蚀着我们的精神世界。

当年怀孕时，妊娠反应简直让我苦不堪言。吃什么都吐，闻到一点点异味就受不了。咖啡、烟味、汽油味……统统都成了我的"天敌"。出去吃个饭，饭菜里味精稍微多点，我就得跑洗手间吐。三个月下来，体重不增反减，从原来的 92 斤降到了90斤。除了肚子微微隆起，四肢细得跟竹竿似的。那时候，我每天都靠着毅力支撑着自己工作。

请假回家休养的那天，和同事们拥抱告别时，老板还跟我开玩笑说："你太瘦了，手臂关节都硌得我疼。"身体上的难受，真的只有自己能体会。

身体一旦出问题，疲惫无力感就像潮水一样涌来，让人无法抵挡。整个人变得没精打采，连平时喜欢做的事情都提不起兴趣。工作、生活都受到了影响，心情也跟着低落起来。焦虑、抑郁这些负面情绪就像黑暗中的影子，悄无声息地缠上了我们。

而且，身体不舒服还会让我们变得敏感、易怒。一点小事就能让我们大发雷霆，对周围的人和环境都充满了怨气和不满。这种时候，我们就像一只刺猬，把自己包裹在尖锐的刺里，生怕别人靠近。

最让人难受的是，身体不好还会让我们失去自信。我们开始怀疑自己的魅力和价值，觉得自己不再像以前那样光彩照人。

关爱自己的身体，也是关爱自己的自信和魅力。我们要时刻关注自己的身体状况，保持良好的生活习惯，定期体检，及时预防和治疗疾病。拥有健康的身体，我们才能拥有真正的自信。

三、教育水平影响

小莲的故事让人心疼。她初中毕业就出来打工，因为文凭低又没有专业技能，只能找到一份保洁的工作。每天工作十几个小时，为了省钱甚至去快餐店收别人没吃完的汉堡。

她说："除了做保洁，我不知道自己还能干什么。"

缺乏教育的女孩子，往往因为没有足够的知识和技能而面临种种困境。

首先，她们可能缺乏自信心和自我价值感。没有接受过足够的教育，她们很难获得成功和自我实现的机会。这种缺乏自信和自我认可的状态，会让她们的情绪和心理健康受到影响，甚至陷入消沉和抑郁。

其次，受教育不够的女孩子容易面临收入不足和经济依赖的问题。经济方面的问题会限制她们的选择和机会，让她们感觉生活停滞不前，难以实现自己的梦想和目标。经济上的困境，不仅增加了她们的压力，还可能引发各种健康问题。

缺乏教育的女孩子可能连基本的身体健康、营养和卫生知识都不懂，这会让她们面临更多的身体健康问题，包括生殖健康问题。这些健康问题会进一步削弱她们的精力和生产力，让她们更难以挖掘自己的潜力，提升自己的社会和经济价值。

因此，接受教育对女孩子来说至关重要，它不仅是开启知识大门的钥匙，更是帮助女孩子摆脱困境、实现自我价值的重要途径。

四、自我认知影响

自我认知是我们心中那面映照自己的镜子，让我们看清自己的模样，理解自己的情感和需求。但很多时候，身为女性，我们可能会在这面镜子前感到迷茫、困惑。

如同镜子上面的一层水雾，自我认知也会受到来自于社会期望、家庭压力，或是我们对自己的过高或过低的评价的影响，使得我们难以清晰地看到自己的真实面貌，无法准确地理解自己的情感和需求。

面对镜子中的自己，我们或许不敢正视那些缺点和错误。性别的刻板印象和社会期望，有时候像是一道无形的枷锁，束缚着我们的自我反省和改进。我们可能会害怕面对自己的不完美，害怕承认自己的错误。

"我这辈子就这样了吗？"我们感到前路茫茫，不知道该如何选择。

"还能有别的选择吗？"我们渴望找到出路，但又害怕走出舒适区。

"我想不通哪里出了问题？"我们努力反思，却又找不到答案。

为了重新让这面镜子变得清晰，我们需要做出一些努力。首先，要学会多倾听自己内心的声音，而不是外界对我们的评价和期望。我们需要静下心来，深入反思，理解自己真正的想法和感受。

要勇于面对和接受真实的自己。当我们擦干那层水雾时，我们可能会看到一些自己不愿面对的部分，但只有勇敢地面对和接受它们，我们才能真正地了解自己，从而过上更真实、更自由的生活。

请记住，无论镜子中的我们看起来如何，我们都有能力和权利去重新定义自己。我们可以学会更加自信地面对自己，更加冷静地处理情绪，更加勇敢地正视自己的缺点和错误。

因为这面镜子的背后，是我们无限的可能和潜力。

五、感情状态影响

感情，就像女人心里的一股暗流，悄悄地影响着我们的心情和状态。在婚姻和爱情的舞台上，我们的喜怒哀乐都跟感情状态紧紧相连。

想想刚开始恋爱的时候，激情、浪漫，简直就像飘在云端一样。时间一长，那些浪漫的色彩就慢慢褪去，生活里剩下的就是些琐碎的小事：吃饭、做家务、处理各种杂七杂八的事情。这些看似不起眼儿的小事，往往就成了夫妻间闹矛盾的导火索。

"为什么谈恋爱的时候他总送我礼物，结了婚就啥都没有了？"

"家里的地都脏成这样了，他怎么就不能主动拖一拖？"

"我辛辛苦苦做了他最爱吃的菜，他怎么又因为工作不回来吃，连声招呼都不打？"

这些疑问和不满在心里越积越多，让人感觉像被一块大石头压着，喘不过气来。有时候真会怀疑，这段感情到底值不值得继续下去？到底还应不应该相信爱情？

其实，我们可能都忽略了婚姻的真正含义。**婚姻不仅仅有浪漫和激情，更多的是一种责任和担当。**

那个跟你结婚的人，不仅仅是你的爱人，还是你生活的伙伴,是一起面对生活挑战的战友。想要婚姻长久幸福,两个人必须一起好好经营。经营婚姻,就像经营一家企业一样,大家需要齐心协力。

首先,平常得把话说明白。心里有想法、有感受,都得跟对方说清楚。别让那些误解和猜疑在两个人之间滋生蔓延。同时,也得学会倾听对方的心声,理解他的想法和需求,**不要使爱意在鸡零狗碎的生活中被消耗,而是在互相理解和关心中持续升温。**

其次,抛弃那些不切实际的幻想。毕竟,没有人是完美的,也没有哪段感情能一直保持热恋的状态。我们得学会接受现实,珍惜眼前这个人,用心去经营这段感情才行。

最后,把婚姻当成一场共同的旅程来看待。设定一些明确的目标和计划,一起努力朝着这些目标前进。在这个过程中,不仅能够让感情更加稳固,还能在彼此的陪伴和支持下实现个人的成长和提升。

不过要强调一下,对于感情和婚姻中的背叛、家暴、欺骗,都应该零容忍,无论是哪种情况,我们都应该坚决地说"不",不能容忍这些伤害我们感情和身心的行为。我们要勇敢地站出来,保护自己,捍卫自己的尊严和权益,我们有重新选择的权利,即使选择一个人生活,也可以活得有滋有味。

当我们学会用更加成熟和理智的态度去面对婚姻和感情的时候,就会发现那些曾经让我们纠结痛苦的问题和矛盾其实都有解决的方法。而在这个过程中,我们也会逐渐变得更加自信、更加从容、更加充满能量!

本 节 练 习

评估一下，是什么影响着你的能量状态和满意度。

分类	说明	满意度打分（10分为满分）
原生家庭	父母对自己的关爱理解、家庭氛围、幸福感，和父母之间的关系是否和谐	
生理健康	身体健康状态如何，有没有困扰自己的疾病问题	
教育水平	学历高低、受过什么培训，读过多少书	
自我认知	是否认可接纳自己，是否爱自己，会不会经常自我反省复盘	
感情状态	感情经历是否顺利，感情是否融洽，目标是否一致	

你有什么新的觉察，在每个方面准备采取什么行动？

第五节　精确评估：揭秘你的能量状态

"内心的纠结，有时就像一场自编自导的'宫斗戏'。"

在一所南方的211大学里，女博士筠子忙碌而充实。她不仅是出色的教师，还是课题组的领头人。但最近，一个小小的问题让她夜不能寐：小组课题研究告一段落了，该安排谁去全校汇报研究成果？

课题组里有两位领导，一位是院里大领导，一位是直接领导，她担心自己汇报会抢了他们的风头，不汇报又似乎对不起自己的身份。于是,她在这种纠结中度过了一天又一天。

听完她的诉说后,我直接问她:"你和领导、同事们沟通过这个问题吗?"

她摇了摇头,表示没有。

我鼓励她:"**很多时候,我们以为的'大问题',其实只是自己内心的'小剧场'。**你担忧的事情,可能别人根本没放在心上,不如主动去沟通一下。"

筠子表示赞同,决定召集大家开会讨论。结果出乎意料,领导和同事们都支持她去汇报,还称赞她年轻有为、有能力。她终于发现,原来自己之前的纠结和担忧都是多余的。她从内心的纠结中解脱出来,以更加自信和从容的态度面对工作和生活。

你看,生活中的很多纠结和困扰,其实都是我们自己想象出来的。当我们陷入内心的"纠结戏"时,不妨停下来,与身边的人进行沟通和交流。很多时候,问题会迎刃而解,我们也会变得更加轻松和愉快。

筠子的故事告诉我们,当我们抽离负面情绪和低能量状态时,处理事情可以变得更简单、更直接。就事论事、客观判断、理性决策是我们应对挑战和困扰的有效方法。

高能量的人有一个特质:他们能够清晰地看到事实的骨架,然后直面问题并果断解决。在这个过程中,他们不会被情绪所裹挟,不会被过去的创伤所影响,也不会被幻觉所干扰。

他们看到的就是事实本身,处理起来自然干脆利落。其余时间,他们则用来体验生活的美好、补充能量,因此平均能量状态高于旁人。

相反，低能量的人往往看不清事实真相，分不清事情和情绪。他们还没看清问题本质就被负面情绪所淹没。整个人被情绪所主导，耗能严重，既无力解决问题也没心情享受生活。加上容易自责和否定自己，导致能量回血慢，长期处于低能量状态。

因此，我们要学会看见事实本身，不带入过度的情绪反应和过往经验的反刍。很多情绪的来源并非当下发生的事件本身，而是我们对这些事件的解读和想象。**当我们学会将大脑内的剧情抽离出来去"如实看见"时，问题往往会变得简单明了。**

能量判定 1-2-4 方法（如图 1-7 所示）：

"1"指的是 1 个核心，能量会决定我们的命运。

"2"指的是 2 个判断，判断当下状态是高能量还是低能量。

"4"指的是 4 大方向，是否真正关注自己、关注他人。处于哪个维度中，会直接决定你的能量高低状态。

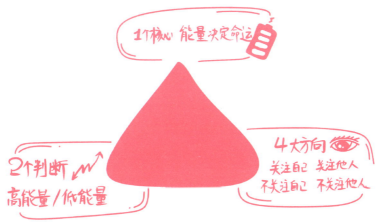

图 1-7 能量判定 1-2-4 方法

一、1个核心：能量决定命运

能量状态是指一个人的整体能量水平，包括身体、心理、情感和灵性等多个方面。而能量状态的高低会直接影响我们的健康状况、人际关系、情感状态以及目标实现等多个方面。

保持良好的能量状态很重要。好的能量状态能让人的心态变得积极、充满斗志和充实感，有利于实现自己的目标与理想，共创美好的人生。

生活的真谛在于能量，它就像我们内在的引擎，悄然无声地决定着我们的命运。

那么，能量状态是如何影响我们的命运的呢？让我们一起来看看。

首先，能量状态关乎我们的健康。想象一下，当你感到疲惫不堪时，是不是更容易被小病小痛缠身？这是因为低能量状态削弱了我们的抵抗力，让身体和心理都变得更加脆弱。而充满能量的状态，则能让我们身心俱健，活力四射。

其次，能量状态还影响着我们的人际关系。当你心情低落、充满负能量时，更容易与人发生摩擦和冲突；反之，当你充满正能量时，能更加积极地面对人际关系，营造出和谐愉快的氛围，让彼此的交流更加顺畅。

再次，我们的情感状态也受能量状态的影响。低能量时，我们可能整天愁眉苦脸、郁郁寡欢；而高能量时，我们则更容易感受到快乐、满足和幸福，让生活充满阳光。

最后，能量状态还关乎我们的目标实现。一个充满活力、斗志昂扬的人，自然更容易集中精力、勇往直前，一步步走向成功的彼岸。

所以，保持良好的能量状态至关重要。它就像是我们生活中的小太阳，照亮我们前行的道路，让我们在追逐梦想的路上更加坚定、自信。

二、从 4 大方向判断：你是处于高能量还是低能量状态

根据关注自己、关注他人、不关注自己和不关注他人四种情形，可以判断一个人的能量状态属于高能量还是低能量，如图 1-8 所示。

图 1-8　4 大方向判断能量状态

1. 只关注自己，不关注他人

当我们只关注自己不关注他人时，通常会变得"自私冷漠"，可能会表现出以下低能量的状态：

○ **缺乏关心和同理心**：不关注他人的需要和感受，往往只关注自己的利益和感受。

○ **自私自利**：总是为自己考虑，不愿意为他人付出。甚至把他人视为帮凶或障碍。

○ **心态消极**：缺乏责任感和积极的心态，往往抱怨、谩骂或躲避所面对的问题。

○ **行为冷漠**：对他人的欣赏、赞美或感谢表现得冷漠。

○ **独断专行**：不把他人的意见或建议放在眼里，只按照自己的意愿行事。

○ **孤独感和不满足感**：往往感到自己被孤立和不满足，而这种感觉往往是因为自己忽视了他人的需要和感受。

这些表现可能会给身边的人造成困扰和痛苦，同时也会使自己感到孤独和焦虑。因此，我们应该在生活中关注他人的需要和感受，学会尊重和体谅，树立起关爱他人的意识。这样做不仅有利于他人的发展，也有助于自身的成长和健康。

2. 只关注他人，不关注自己

当我们只关注他人而不关注自己时，通常会变得"讨好牺牲"，可能会表现出以下低能量的状态：

○ **过度牺牲自己的需求**：讨好他人，往往为了满足他人的需要，不考虑自己的需求和感受。

○ **自我否定**：会感到自己不如他人，可能会经常做负面评价：自我批评、怀疑和否定。

○ **情感倾斜**：对某些人情感上过于倾斜，甚至痴迷，可能会导致自己过度的情绪波动。

○ **缺乏自我保护**：难以辨识他人的真实意图，很容易被骗、受伤或操纵。

○ **忽略自己的成长**：可能会忽略自己的成长和发展，过分关注他人的成长和发展。

这些表现容易导致身体和心理的疲劳，可能会影响到个人的心理健康和生活质量。因此，在生活中，我们需要学会关注自己的需求和感受，保持一定的自我调节和保护机制，建立起一个健康、平衡的人际关系。

3. 不关注他人，不关注自己

当我们既不关注自己也不关注他人时，通常会陷入"迷茫抑郁"，可能会表现出以下低能量的状态：

○ **感觉迷茫和失落**：不知道自己想要什么，也不关心他人的需求和感受，往往感到迷茫和无目的。

○ **缺乏动力和自信**：由于缺乏目的和价值感，往往缺乏动力和自信，不知道该如何面对和处理生活和人际关系。

○ **避免责任和决策**：不愿意承担责任和做出决策，往往把选择和决策权留给他人，缺乏主动性和决断力。

○ **心态消极**：不关心自己和他人的需求和感受，可能会表现出消极和冷漠的心态，对生活和人际关系失去热情和兴趣。

○ **孤独感和社交障碍**：由于缺乏社交技能和情感沟通，

可能会导致产生孤独感,也难以建立起良好的人际关系,变身"宅女"。

这些表现可能会导致自信心、人际关系等方面的问题,甚至会影响到自己的生活和情感方面的满足感和安全感。因此,在生活中,我们需要建立起自我意识和价值感,了解自己的需求和感受,并与他人建立起健康的沟通和互动关系。

4. 关注自己,关注他人

真正高能量状态的女性,既爱自己,又爱别人。爱自己又乐于助人的女性就像团队里的小太阳,自己发光发热,还能照亮别人的心。她们工作起来得心应手,不仅关注自己,更懂得照顾团队的感受,通常会表现如下:

○ **特别会换位思考**:每当团队中有人因为临时有事需要早退或者请假时,小芸总是第一个站出来说:"你去忙吧,剩下的工作我可以帮你完成。"她不仅理解每个人的生活都有突发状况,还总会以实际行动给予支持。

○ **情绪总是稳稳的**:项目截止日期临近,整个团队都笼罩在紧张的氛围中。每次开会,小敏却总是能保持冷静,用幽默的话语缓解紧张的气氛,提醒大家:"我们已经做得很好了,只要再坚持一下,就能成功!"她的话就像一颗定心丸。

○ **做事有主见不盲从**:一次团队头脑风暴会议上,大家纷纷提出各种想法,然而小蕾没有盲目跟随,她仔细分析了每个想法的优缺点,提出了一个集众人智慧的全新方案,结果让大家都眼前一亮。

○ **既自信又懂得尊重**:小萱对自己的工作能力非常自信。

然而，每当团队中有人提出不同意见时，她总是能够耐心倾听，并且赞成地说："你的想法很有创意，我们可以试试看。"自信又尊重他人的态度，能够让团队中的每个人都感到被重视。

○ **永远充满干劲**：有一次公司接了一个大项目，领导表示需要加班加点，大家都面露难色，小婕第一个站出来表示支持，她说："这是一个很好的学习机会，我们一定可以一起努力把它做好！"在她的带动下，整个团队都充满了干劲，最终成功搞定了项目。

前面三种状态多少都会影响我们的能量状态，而处于第四种状态下的人会真正地能量满满。

没有人会抗拒一个充满高能量的人，她们就像温暖的小太阳，无论作为伙伴、同事、闺蜜还是爱人，都散发着令人难以抗拒的魅力。她们的积极态度和乐观精神，仿佛有着无穷的感染力，能够瞬间驱散周围的阴霾，为身边的人带来希望和快乐。

本 节 练 习

以下这些问题涵盖了身体活动、饮食、情绪、认知、社交、人际关系和情感管理等多个方面，能够较全面地反映一个人的能量状态。

问题	"是"或者"否"
1. 你每天都能按时起床吗？	
2. 你每天都进行运动/身体活动吗？	
3. 你的饮食均衡吗？	
4. 你大部分时间心情愉快吗？	

(续)

问题	"是"或者"否"
5. 你工作时能否集中精力?	
6. 你睡眠充足且质量好吗?	
7. 你对未来有积极期待吗?	
8. 你积极参与社交活动吗?	
9. 你经常感到身体充满活力吗?	
10. 你能应对生活中的挑战和压力吗?	
11. 你能建立良好的人际关系吗?	
12. 你善于倾听和理解他人吗?	
13. 你容易与他人沟通吗?	
14. 你在团队中能有效地协作吗?	
15. 你能积极解决人际关系中的冲突吗?	
16. 你容易感受快乐和满足吗?	
17. 你能积极面对生活变化吗?	
18. 你是否经常保持乐观态度?	
19. 你是否感到充满爱意并且愿意为他人付出?	
20. 你是否能够处理自己的负面情绪?	

通过统计回答"是"的问题数量,可以简单而有效地评估你的能量水平,如果有15个以上的"是",说明你的能量状态较高,"是"的数量在12个以下,说明你目前能量状态不佳。

第二章

直面挑战：解读职业女性低能量之谜

第一节　深入剖析五种常见的"害怕"情绪

"害怕之情如潮水般涌来，淹没理智，令人无所适从。"

面对挑战时，职场中的女性内心往往藏着诸多害怕，这些害怕像一道道无形的枷锁，束缚着她们。那么，常见的"害怕"情绪都有哪些呢？

第一种：害怕比较

薇子和小王曾经都是我的同事，她们同为公司市场营销部门的成员，两人同期入职，负责客户开发和品牌推广。薇子一直以来都非常用心地对待工作，尝试运用各种创新的市场营销策略，希望能够为公司带来更多的客户和业务机会。

但是，不论薇子如何努力，小王似乎总是能够比她更出色地完成任务，也总能够精准地把握客户的需求，提出恰到好处的解决方案。薇子的业绩虽然也不错，但她总是感觉和小王有着明显的差距。

这种差距让薇子感到沮丧和焦虑。她开始怀疑自己的能力，觉得自己是不是有什么地方做错了。她会经常观察小王的工作方式，试图找出她成功的秘诀，但似乎总是无法复制她的成功。

在一次重要的客户洽谈中，薇子再次败给了小王。客户对小王提出的方案非常满意，并决定和公司进行深入合作。薇子虽然也做了充分的准备，但客户似乎对她的方案并不感兴趣。这让薇子感到非常失落和沮丧，她开始觉得自己在市场营销这个领域里注定无法取得成功,甚至考虑是否应该转行或者寻找其他的发展机会。

就在薇子几乎要放弃的时候,老板找到了她,和她进行了一次深入的谈话。老板告诉她,每个人的优势和特点都不同,小王固然很出色,但薇子也有自己的独特潜力,比如工作细节到位。老板鼓励薇子不要过分关注别人,把自己的事情做好更重要。

这次谈话让薇子重新找回了自信。她开始反思自己的工作方式和策略,并尝试从中找出自己的不足之处。她开始更加注重与客户的沟通和交流,努力提升自己的专业素养和技能水平。

经过一段时间的努力,薇子逐渐找到了适合自己的工作方式,并在工作中取得了显著的进步。虽然小王的业绩依然出色,但薇子已经不再把小王视为竞争对手,而是将她视为学习和借鉴的对象。

最终,薇子也凭借自己的努力和才华,成功完成了多个重要的市场营销项目,为公司带来了可观的业绩和回报。此后的薇子不再焦虑和自我怀疑,而是充满自信地面对工作中的挑战和机遇。

薇子的经历告诉我们,我们不应该过分关注别人的成功,而是要专注于自己的成长和发展。每个人都有自己的优势和潜力,只要我们努力挖掘和发挥,就一定能够取得属于自己的成功。**不要把别人的成就变成你的焦虑来源,而要把它变成学习的动力。**

第二种：害怕被人评价

在职场中，许多女性还面临着一个难以言说的困扰：害怕被人评价。这种担忧不仅仅是面对工作能力的评判，更延伸至外貌、举止等方方面面。从心理学的角度来看，这种担忧背后往往与个体的自我认同感的薄弱，以及对外界看法的敏感程度息息相关。

初次见小雅，大家都会被她的清秀长相吸引，但是很奇怪，明明一个长得挺好看的女孩子，处处透露着拘谨和不自信，总会习惯性地低头说话，不停地摆弄整理自己的衣摆。

后来得知小雅是一名销售，尽管她工作勤勉，却时常陷入对他人评价的深深忧虑之中。一次偶然的机会，她得知有客户对她的穿着打扮有所微词：原因是浅色丝袜暴露了小雅腿粗的缺点，大腿后面还不小心勾破了一个大洞，搭配的鞋子也有些不合时宜。

"做销售怎么能这么不注意自己的形象！"

这段评价犹如一块巨石投入平静的湖面，让小雅羞愧不已。自此以后，每次见客户前，她都会反复挑选衣物，出门前要准备一个多小时，生怕自己的形象不符合客户的预期。

这种对他人评价的过度焦虑像一把无形的刀，悄悄刺入小雅的生活，不仅让她在个人生活中倍感压力，更逐渐侵蚀了她的工作表现。

有一次，她精心准备了一个重要的销售提案，满怀信心地去见一位重要客户。然而，会议结束后，客户只是轻描淡写地提了一句："我觉得这个方案还可以再完善一下嘛。"这句微不足道的负面评价让她夜不能寐。

这种心态逐渐影响了小雅与客户沟通的方式。她开始变得紧张不安，缺乏自信。每当与客户交流时，她都会小心翼翼地观察对方的表情和语气，生怕错过任何一丝不满的迹象。过度在意客户的反应和态度，反而让她的沟通显得不自然，有时甚至会让客户感到疑惑或不舒服。

更糟糕的是，这种焦虑情绪开始影响到小雅的销售业绩。她原本擅长的沟通，在焦虑的干扰下变得苍白无力。她开始错失一些本可以轻松达成的机会，让客户转而选择了其他竞争对手。

这一切的改变，让小雅深感困惑和沮丧。

为了走出这一困境，小雅主动寻求我的咨询帮助。通过深入的交流和引导，她逐渐学会了如何甄别有益的评价与无意义的批评。她开始认识到，客户的评价并非对她个人价值的全面否定，而仅仅是对她工作表现的一种反馈。这种认知的转变让小雅逐渐恢复了自信，她开始更加自如地与客户沟通，不再过分纠结于他们的每一个评价。

随着时间的推移，小雅逐渐摆脱了害怕被人评价的束缚。她不再习惯性地低头打量自己，而是勇敢地抬头和客户微笑交流，大胆地说出自己的建议和想法。她还报名了一个服饰搭配的学习班，提升自己的穿衣打扮审美。

越变越漂亮的小雅，销售业绩不仅回升至之前的水平，甚至有了更为显著的突破。她发现，当自己勇敢地面对他人的评价时，不仅获得了更多的成长机会，还赢得了更多的尊重和认可。这一转变不仅让她在事业中焕发出新的光彩,更让她在人生的道路上走得更加坚定和自信。

第三种:害怕孤独

你是否曾有过这样的感受:在团队合作的环境中,自己仿佛是个"局外人",难以与同事们打成一片?这种孤独的感觉,不仅让你心情低落,还可能影响到你的工作状态。

生完孩子一年多后,我重返职场,接手了公司的一个运营与营销团队。初来乍到,我发现自己与这个以男性为主的团队之间存在着难以言说的隔阂。他们的话题、习惯,甚至是思考方式,都和我截然不同。

每次开会,我都如坐针毡。会议室里烟雾缭绕,他们一根接一根地抽着烟,在烟雾中寻找着灵感和答案。而我,却只能在一旁默默忍受着二手烟的侵袭,心中充满了无奈和愤怒。我想要提出自己的意见和看法,却又担心被视为"异类"或"不合群"。

彼时我深深地感受到了孤独,我开始怀疑自己是否真的适合这个岗位,是否真的能够融入这个团队。我甚至开始怀疑自己的能力和价值。

经过一段时间的挣扎和思考,我逐渐意识到:**不能把孤独看作是自己的敌人,而是要面对并且战胜它。**

我开始尝试与团队的成员主动建立联系,了解他们的想法和需求。我主动应邀参加同事们的聚会,大方地和他们聊股市、聊自驾旅游……发挥自己的专业优势,提出了新的业绩增长方案。团队三个月营收增长了30%,我也用努力和真诚赢得了他们的尊重。

这段经历让我深刻认识到：与人合作中的孤独感和疏离感并不可怕，可怕的是我们失去了面对它的勇气和信心。只有当我们勇敢地面对孤独，积极地寻求解决方案时，我们才能真正找到属于自己的位置和价值。

第四种：害怕跟不上变化

现今社会，传统行业好像每天都在"翻新"，就像我们每天都要面对新的手机App、新的网购平台一样。对于在职场中打拼的女性来说，这种感觉可能更加明显。尤其是当自己熟悉的领域突然"变了天"时，那种迷茫和不安，就像突然找不到回家的路一样。

张荔就是一个典型的例子。她在制造业做工程师多年，手艺精湛，口碑极好。近几年，制造业好像突然"开了挂"，各类智能化、数字化都冒了出来。传统的生产线和工艺流程被自动化设备和智能系统所替代，对从业人员的专业素养和技能水平提出了更高的要求。同时，公司为了应对市场的快速变化，不断引入新的项目和技术，这就需要员工具备更强的创新能力和适应能力。

她开始担忧，担心自己跟不上时代变化。那种感受，好像是突然发现自己身处一个陌生的城市，周围的一切都变得模糊和不确定起来。

每当看到年轻的同事轻松地掌握新的技术，或者听到公司宣布新的战略转型时，张荔的内心都会涌起一种不安和恐慌。她担心自己的价值会被削弱，担心自己的职业前途会变得渺茫，甚至担心有一天会被这个行业所淘汰。

她甚至开始怀疑自己是否还有足够的能力和勇气去面对这个快速变化的世界。每当回到家，她都会感到一种深深的疲惫和无力感，仿佛整个人都被抽空了一样。

幸好，张荔并没有就此沉沦。经过一段时间的咨询和情绪调整，她意识到，只有积极面对自己的焦虑和恐惧，才能找到突破困境的方法。于是，她利用业余时间积极学习新技术和新知识，努力提升自己的专业素养和技能水平。同时，她也主动与同事和上级沟通交流，了解行业的最新动态和发展趋势，以便及时调整自己的工作方向和目标。

她也逐渐相信，职场的变化并不可怕，可怕的是自己停滞不前的心态。只要保持积极的心态和持续学习的态度，就一定能够找到属于自己的位置和价值。天生我材必有用。

第五种：害怕工作与家庭冲突

很多女性做了妈妈后生活会发生很大的变化：每天都像是走在一条紧绷的钢丝上，一头是繁忙的工作，一头是温馨的家庭。每天，我们都在努力保持平衡，生怕一不小心就会摔下去。

早上，闹钟响起，我们匆匆起床，一边刷牙一边想着今天的工作计划。孩子揉着眼睛从卧室走出来，希望妈妈能送他上学，但时间紧迫，我们只能匆匆亲一下孩子，然后赶紧出门。

工作中，电话、邮件、会议不断，我们努力应对着各种挑战，想要做出成绩，但心里总挂念着家里：孩子放学了吗？作业做完了吗？晚饭吃什么？

下班后，匆匆赶回家，做饭、洗碗、辅导孩子作业。等一切忙完，我们已经筋疲力尽，只想躺在床上好好休息。然而此时，工作群里又弹出了新的消息，需要我们去处理。

这样的生活让我们感到左右为难，疲惫不堪。我们害怕因为工作忽略了家庭，也害怕因为家庭耽误了工作。我们努力想要做好每一个角色，但时间和精力似乎总是不够用。

做了妈妈以后，我也经历过几年的兵荒马乱：晚上带娃，白天上班，周末忙家务，把自己累得喘不过气来……渐渐地我明白一个道理：我们不必让生活变得如此艰辛。工作和家庭并非是一场零和博弈，它们完全可以和谐共存，甚至相互促进。

想象一下，回到家后，和家人围坐在餐桌旁，分享着一天中的琐碎点滴，那种温暖和亲密是无可替代的。

为了让这种时刻更加频繁，我们可以试着和家人沟通，让他们了解我们的工作压力和期望，同时我们也倾听他们的需求和想法。通过坦诚的交流，我们不仅能够获得家人的理解和支持，还能够共同寻找平衡工作和家庭的方法。比如，家务活怎么分工，孩子教育谁来主导，家里的财政大权谁来主抓……

与工作伙伴之间的良好沟通和协作同样重要。我们可以和他们分享自己的困扰和需求，寻求他们的帮助和建议。通过互帮互助，我们可以更好地提升工作效率，工作氛围也会更轻松愉快。这样，我们不仅能够有更多的时间和精力来陪伴家人，还能够在工作中获得更多的成就感和满足感。

另外，现在社会分工越来越明确，许多琐碎的事情其实可以交给专业的人去做。比如，我们可以雇用保洁人员来家里打扫，或者使用跑腿服务来帮我们处理一些日常琐事。这样，我们就能够节约出更多的时间来陪伴家人，或者用来提升自己的专业技能和知识水平。

平衡工作和生活并不是一件遥不可及的事情。只要我们用心去沟通和协作，善于利用社会周边资源，就能够让生活变得更加轻松和美好。

也许，我们有时候还有其他的"害怕"，归根到底，是由于我们担心自己失去掌控能力，失去价值感。

感到害怕时，正视这些害怕的情绪，可以尝试去分析它的来源，理解它背后的原因。同时，也要学会接受自己的不完美和脆弱，不要过于苛求自己。

每个人都有自己的优点和不足，我们需要学会在接纳自己的同时，努力提升自己的能力和价值。害怕并不代表我们不能成功，只要我们敢于面对、敢于挑战，就一定能够克服它，减少内耗，勇敢地向前迈进。

本节练习

每个人都有自己的害怕和不安，关键在于我们如何面对和处理它们。勇敢地迈出第一步，你会发现很多事情并没有想象中那么可怕。

面对职场和生活中各种害怕的心理，可以采取以下的应对方法自我疏导。

	1. 害怕比较
自我肯定	每天列出自己的优点和成就,也可以写成就日记,不用太多,每天有一点成就感就很好。比如,我今天跳了 500 次绳,我今天早上 6 点半就起床啦……
关注自己的成长	将精力放在提升自己的能力和技能上,不断学习和成长。最简单的方法是,忘掉别人,去做一件自己手边可以马上开始的事情,比如,继续阅读最近没有看完的一本书,把落下很久的课程学完,等等
不要过度使用社交媒体	社交媒体上往往充斥着人们光鲜亮丽的一面,容易引发比较心理。适当减少看社交媒体的时间,从而减少焦虑
	2. 害怕被人评价
重建自我认知	先自己评价自己,明确自己的优点和不足,这样外界的评价就不会那么容易影响到你
筛选信息	不是所有的评价都有建设性,学会辨别并只接受那些有建设性的评价
分享感受	与亲密的朋友或家人分享你受到的评价和感受,他们可以提供另一个视角
	3. 害怕孤独
主动社交	参加公司或行业的社交活动,加入相关的社群或组织
定期聚会	与同事或朋友约定定期聚会,分享彼此的生活和工作感受
寻找兴趣爱好	培养兴趣爱好,并通过共同的兴趣爱好结识新朋友
	4. 害怕跟不上变化
保持学习	持续学习新知识和技能,让自己始终保持在行业前沿,即使面对变化也能有信心应对
制订应对计划	多和同行精英学习交流,多关注行业资讯和国家新闻,预见可能的变化,并提前制订应对计划
保持灵活	不要过于固执己见,学会适应和接受新的事物和观点,在成长中明确并且提升自己的竞争优势

(续)

	5. 害怕工作与家庭冲突
明确界限	为工作和家庭设定明确界限，比如，工作时间不处理家庭事务，在家不处理工作
有效沟通	与家人和同事沟通你的需求和困扰，寻求他们的理解和支持，分工合作
时间管理	学会有效管理时间，合理安排工作和家庭的时间分配
寻找资源	通过可信赖的家政公司、专业的托管机构、小区家长互助群等途径减轻家务负担
自我关怀	不要忘了照顾自己，无论是身体上还是心理上。适当的休息和放松是保持平衡的关键

第二节　揭示影响女性职业发展的八种低能量状态

"心灵一旦受困，我们便如笼中之鸟，无法展翅高飞，只能仰望苍穹。"

以下的八种能量表现会严重影响和阻碍女性的职业发展，我们可以经常对比自查，避免自己"掉落陷阱"。

一、羞愧耻辱：严重摧残身心健康

我经常接触到一些高学历却极度内耗的女性，包括女研究生、女博士生，她们知性又优雅，却经常把自己掩藏在人群之后。

在她们心中也许有一段始终单曲循环的话语："我是如此糟糕。我不相信自己是个有价值的、值得被爱的、足够好的人。除非在我拥有的所有关系里,大家都喜欢我,都肯定我,都不离开我……"

高学历女性在社会中经常面临特别的压力和期待。社会大众和她们自己往往都觉得,从小就这么优秀,有了这么高的学历,就应该在工作、生活等各个方面都表现出色。但实际上,这种"全能"期待是很难达到的,一旦她们在某些方面没做好,就可能会受到外界和自己内心的双重质疑。

再加上,尽管现在社会进步了,但关于女性的一些老旧观念和偏见还是存在的。比如,有些人可能会觉得,女性学历太高、事业太强,就不是"传统的好女人"了,这种偏见也会给她们带来额外的心理压力。

这些女性往往对自己的评价过于苛刻,她们容易把自己的价值跟外部成就(比如学历、工作)和别人的看法绑在一起。一旦遇到挫折或失败,比如失业、离婚、感情失败,她们可能就觉得自己"一无是处",非常羞愧。

而且,她们可能过度依赖别人的情感支持和认可,通过他人认可来维持自己的自信和安全感。一旦感觉别人不喜欢自己、不认可自己,她们就会陷入深深的自我怀疑和痛苦中。

这种低能量状态其实是由很多因素共同作用的结果。要改善这种情况,需要社会和个人都做出努力。比如,社会要更加包容和尊重女性的多元选择,女性可以根据个人的意愿选择结婚、单身、生育等。我们女性也应该学会更客观地看待自己,学会调节情绪,以及必要时学会寻求帮助等。对于那些已经感到非常痛苦和困惑的女性来说,及时找专业的心理咨询师聊聊，也是非常重要的。

我特别想说：**每位女性都应怀抱高贵的自我价值感，这是源自内心深处的自信与自我认可，是对自己目标的执着与信念，我们称之为"配得感"。**

"配得感"也是女性自我成长的重要动力。它激励着我们不断学习、进步，努力成为更好的自己。这种积极向上的态度，不仅有助于女性的个人发展，还能为周围的人带来正面的影响。我们不应轻易因他人的评价而自我怀疑，更不应让外界的态度动摇我们的信念。**这种自我配得感，它的分量应当超越旁人对我们价值的评判。**如果我们给自己的打分偏高，即使别人嘲讽一句"这个女孩真够自信……"，那又如何？这恰恰证明了我们的勇气与坚定。

如果我们对自己的价值判断过低，极有可能会导致一连串的灾难：错失本应属于我们的机遇，怯于接触那些能助我们一臂之力的贵人，甚至可能因为自我贬低而被人操控。所以，要勇敢地相信自己，坚守自己的价值，只有这样，我们才能在这个世界上熠熠生辉。

二、内疚自责：导致身心俱损

王莉是一名市场营销专员，最近负责一项新产品推广活动。由于疏忽，她在活动海报上写错了活动时间，导致许多客户白跑一趟，公司形象也受到了影响。事后，她被上司批评，并在团队会议上作为反面例子被提及。

王莉深感内疚，她觉得自己不仅让公司丢了面子，还辜负了团队的信任。她开始变得沉默寡言，工作中也不再积极主动，总担心自己会再次犯错。这种内疚和担忧让她整个人的状态都变得很低落。

王莉的低能量状态源于犯错后的内疚和自责。

她需要认识到每个人都会犯错，重要的是从错误中学习并避免再犯。同时，她也可以寻求团队的支持和理解，共同找出解决问题的方法。只有这样，她才能重新找回自信和工作的热情，摆脱低能量状态。

三、冷漠绝望：看不到希望

林悦曾是一名热情洋溢、充满活力的年轻设计师，但她的生活遭遇了连续打击。先是她倾注大量心血的设计方案在比赛中落选，紧接着，她得知自己一直信赖的合作伙伴背叛了她，将她的设计私自出售给了竞争对手。

连续的挫折让林悦陷入了一种冷漠和对未来绝望的低能量状态。她开始觉得整个世界都失去了色彩，每天机械地上班、下班，对任何事情都提不起兴趣。她曾经热爱的设计工作，现在对她来说也变得毫无意义。她觉得自己再努力也无法改变现状，未来充满了黑暗和绝望。

林悦通过朋友介绍找到了我，我首先倾听了林悦的倾诉，让她充分表达内心的感受和困惑，并给予她足够的支持和理解。

接着，我帮助林悦分析她目前所处的困境。通过深入了解她的经历和感受，我与她一起探讨这些挫折对她的影响，以及她为何会陷入低能量的状态。

最后，我与林悦一起制订了具体的行动计划：

○ 尝试加入一些设计社群，与同行交流经验、分享心得。

○ 参与一些社会公益设计项目，为环保事业贡献力量，这些项目能让她感受到设计的价值和意义。

○ 每天写日记，结合自由绘画来表达自己的情绪，减轻心理压力。

在沟通的过程中，我持续关注林悦的进展，根据她的反馈调整行动计划。在我们的共同努力下，林悦逐渐走出了低能量的状态，重新找回生活的色彩和意义。

每个人在生活中都会遇到困难和挫折，面对背叛或伤害，我们可能会感到愤怒、失望和伤心，这是非常正常的反应。然而，将责任归咎于自己并不会对解决问题有所帮助，反而可能加重心理负担。

四、忧伤懊悔：陷入自我怀疑

李梅在一家大型跨国公司担任项目经理。一直以其高效、专业的工作能力受到上级和同事的认可。然而，她同时也是一个对家庭十分投入的母亲，总是努力在工作和家庭之间寻找平衡。

公司有一个高级管理层的晋升机会，李梅觉得自己有资格也有能力胜任这个职位。然而，在晋升面试前夕，女儿突然生病，需要她全天候的照顾。李梅陷入了两难的境地：一方面，她非常想要抓住这次晋升机会，为自己的职业生涯打开新的篇章；另一方面，她深感作为母亲的责任，无法在这个关键时刻离开生病的女儿。

最终，李梅选择了留在家里照顾女儿，放弃了参加晋升面试的机会。然而，当她看到同事成功晋升的消息时，心中充满了懊悔和失落。她开始责怪自己，认为自己既不是一个好母亲，也不是一个成功的职场女性。这种懊悔情绪严重影响了她的工作状态和家庭生活。

李梅在做出决定后，面临了内心的认知失调。她一方面认为自己应该为家庭付出，另一方面又对自己的职业发展抱有期望。当两者发生冲突时，她选择了家庭，但内心却无法完全接受这个结果，导致了懊悔情绪的产生。

人们在面对负面事件时，往往会进行反事实思维：即想象如果当初做了不同的选择，结果可能会更好。李梅不断回想如果自己参加了晋升面试，可能会得到更好的结果，这种事后追溯进一步加剧了她的懊悔情绪。

错失晋升机会让李梅对自己的能力产生了怀疑，自我效能感降低。她开始质疑自己是否能够在职场和家庭之间取得平衡，这种自我怀疑进一步削弱了她的自信心和幸福感。

这个世界上没有后悔药，机会错过了就是错过了，**懊悔只不过会让我们徒增烦恼，没有任何的价值。**

五、恐惧焦虑：对未来感到迷茫

20多年前，我刚毕业就幸运地踏入了互联网行业。那时候,互联网行业真的是个淘金地,有人通过开发网站、做网络服务赚得盆满钵满;也有人眼光独到,投资了那些潜力爆棚的初创公司,最后实现了财务自由。

但是,现在的互联网行业跟那时候比,简直是天壤之别。技术更新换代快得让人眼花缭乱,市场竞争也日趋激烈,再加上政策法规的不断调整规范,从业者面临着不小的压力和不确定性。

特别是对于35岁以上的女性来说,她们面临的困境和焦虑更是异常突出。

这些女性互联网人,很多都曾经是公司的得力干将。随着年龄的增长、家庭责任的加重,以及一批又一批年轻、有活力、掌握新技术的同事的涌入,她们开始感到自己的竞争力大不如前。这种"长江后浪推前浪"的感觉,让她们的职业危机感前所未有的强烈。

而且,互联网行业的工作强度大、节奏快,对从业者的应变能力和抗压能力要求极高。对于需要兼顾家庭和工作的女性来说,这无疑是个巨大的挑战。她们不仅要应对工作上的各种压力和挑战,还要照顾好家庭和孩子,这种双重负担常常让她们感到身心俱疲。

在这种情况下,很多35岁以上的女性互联网人开始对自己的职业前景感到迷茫和焦虑。她们担心自己跟不上行业的步伐,担心被年轻同事超越和取代,担心自己在职场中逐渐被边缘化。这种焦虑和迷茫不仅影响了她们的工作状态和表现,对她们的身心健康也造成了不小的负面影响。

要走出焦虑和迷茫的困境并不容易，但也不是没有办法，关键是要正视自己的现状和需求，积极寻找解决问题的方法和途径。提前规划未雨绸缪，比如，参加培训课程提升自己的技能水平，规划职业第二曲线等。同时，还可以拓展兴趣爱好，丰富自己的生活，开阔自己的眼界和圈子。此外，还可以积极与同事、朋友、家人沟通交流，寻求他们的支持和帮助。只有这样，才能让自己在职场中保持竞争力，找到属于自己的那束光，并继续发光发热。

六、过度的欲望：变得盲目和贪婪

乐乐妈妈是一个普通的上班族，多年来的辛勤工作让她攒下了一笔不小的积蓄。然而，她并不满足于现状，内心充满了对更好生活的渴望。当她看到身边的朋友通过炒股赚得盆满钵满时，她的内心被强烈的欲望所驱使，也想要一试身手。她梦想着通过炒股实现财务自由，过上自己梦寐以求的生活。

事实上，乐乐妈妈对股市一窍不通，她不知道如何分析股票走势，也不知道该如何选择有潜力的股票。她只是盲目地听从朋友的建议，跟风买入卖出。起初，她的投资确实获得了一些回报，这让她信心倍增，令她更加坚定了通过炒股实现暴富的梦想。

然而，好景不长。股市的波动让乐乐妈妈开始感到焦虑，她发现自己买入的股票开始持续下跌。这时，一些自称"炒股高手"的人主动加她为微信好友，向她推荐各种"内幕消息"和"稳赚不赔"的股票。被欲望冲昏了头脑的乐乐妈妈信以为真,她不顾一切地跟随这些"高手"的建议进行买卖操作。

乐乐妈妈跟随他们操作后,发现自己亏损越来越严重。她想要及时止损,但又不甘心就这样放弃自己的暴富梦想。于是,她继续借钱投入股市,希望能够回本,甚至大赚一笔。

最终,乐乐妈妈不仅把自己的积蓄全部亏光,还欠下了一大笔债务,被催债到公司,连工作都丢了。她原本想要通过炒股实现财务自由的梦想彻底破灭了,生活也陷入了前所未有的困境。

这个案例提醒了我们,被欲望和渴望暴富的想法所驱使的行为是多么不可靠。

七、愤怒仇恨:失去理智和判断力

苏苏是一家公司的销售经理,工作努力,业绩也一直不错。但是,公司提拔了另一位同事为销售总监,却没有选择她,这让苏苏非常生气,她觉得自己受到了不公平的待遇。

从那以后,苏苏对那位新上任的销售总监充满了敌意。她经常在背后说他的坏话,甚至故意不配合他的工作。她的愤怒和仇恨让她变得难以相处,同事们也开始对她敬而远之。

然而,苏苏并没有意识到,她的行为正在损害自己的形象和职业发展。因为负面情绪影响了工作状态,她的业绩开始下滑。公司高层也注意到了她的变化,开始对她的工作态度和能力产生怀疑。

终于有一天,因为一次严重的失误她被公司降职调岗。这时,她才如梦初醒,意识到自己的愤怒和仇恨并没有给自己带来任何好处，反而让自己付出了沉重的代价。

她开始反思自己的行为，决定放下仇恨，重新开始。她努力调整自己的心态，以更积极、更合作的态度面对工作。她主动与同事们交流，积极参与团队活动。经过一段时间的努力，苏苏重新赢得了同事们的尊重和信任，她的工作也开始有了起色。

愤怒和仇恨只会让我们失去理智和判断力，影响我们的职业发展。我们应该学会控制自己的情绪，以更积极、更合作的态度面对工作中的挑战和竞争。只有这样，我们才能在职场中走得更远、更稳。

八、骄傲自满：导致故步自封

老舍先生曾经说过："**骄傲自满是一个可怕的陷阱，而且，这个陷阱是我们自己亲手挖掘的。**"

刘芸是一家外企的市场部高管，能力强、业绩好，大家都很佩服她。但近年来，她因为一些成功变得特别骄傲，总觉得自己最厉害，别人都不如她。

她开始不把团队成员的意见当回事，总觉得自己才是对的。跟其他部门合作时，她也总是一副高高在上的样子。当公司引进新的市场策略和技术时，她不屑一顾，觉得这些都是小儿科，不值得她花时间学习。但没过多久，市场部的业绩开始下滑，客户满意度也大幅下降。而那些她曾经看不起的新策略和技术，其他同事却用得风生水起，业绩飙升。

公司高层对刘芸的表现很不满，最终将她调离了市场部。

刘芸后悔不已，但已经来不及了。她意识到自己的骄傲自满害了自己，但世上没有后悔药可吃。

不管我们有多成功，都应该保持谦虚和开放的心态，愿意学习和尝试新事物。只有这样，我们才能不断进步，不被淘汰。尤其是对于职场女性来说，更应该注重自我提升和团队合作，只有这样我们才能走得更远。

以上这些低能量状态如隐形的牢笼，限制了女性的发展。我们要时刻警醒，学会从旁观者的视角去观察自己的状态，跳出隐形的牢笼。积极提升自我能量，突破限制，实现更大的成就。

本 节 练 习

思考一下，你是否经历过本节提到的八种类似的低能量状态，你是如何应对的？

第三节　低能量职场人面临的四种困境

"低能量之人，挑战重重，然以微光破暗，终能照亮前行之路。"

一、四种困境

低能量的人常陷入四种困境：无力无心、有心无力、有力无心、纠结摇摆。我们只有应对并战胜这些挑战，提升能力，增强心力，才能通向高能量之路，如图 2-1 所示。

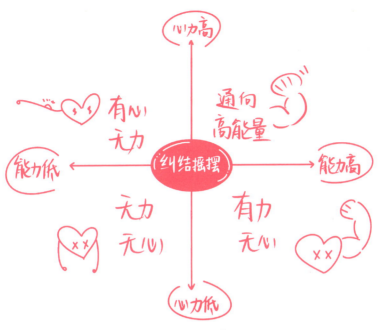

图 2-1 职场人的挑战和机遇

1. 挑战一：无力无心

无力无心通常指的是，能力不足，压力巨大；内耗，自我攻击。

王小娟的学历只有高中，因为家庭贫困，她没能继续深造。踏入社会后，她发现自己没有任何突出的技能，只能从事一些简单的、替代性强的工作。她先后在餐厅、超市和服装厂打过工，但每份工作都没能给她带来满足感和成就感。

最近的一份工作是在一家小型公司做文员，本以为可以稳定下来，没想到公司因为经营不善而倒闭。失业后的王小娟感到前所未有的绝望和无助。她看着自己简历上那一长串的工作经历，却没有一项是拿得出手的。她开始自责、自我贬低，觉得自己是个失败者，连最基本的工作都保不住。

为了找到新的工作机会，王小娟每天都会在网上浏览招聘信息，但大部分都要求大专以上学历或有相关工作经验。她投递出去的简历石沉大海，没有任何回音。偶尔有一两个面试机会，她也会因为紧张而表现不佳，最终被刷掉。

王小娟曾经尝试过学习一些新技能来提升自己的竞争力，但因为缺乏自信和毅力，最终都半途而废了。她觉得自己已经陷入了无底深渊，无法摆脱困境，也永远无法摆脱这种迷茫和无助的感觉。

王小娟的故事让我们看到了职场中"无力无心"现象背后的真实写照。这一类人往往因为学历不高、技能平庸而陷入困境，内心充满压力和挫败感。

然而，只要她们愿意认清现实，付出努力，寻找机会并坚持不懈地学习，提升自己，就有可能逐步逆袭并创造自我价值。

2. 挑战二：有心无力

有心无力通常指的是，有意愿或有目标，也愿意把事情做好，但能力却不足。

有些人总是忙碌得团团转，但成果却并不显著。每天都像陀螺一样，不停地旋转，但似乎只是在原地踏步，无法摆脱困境，也无法摆脱那种深深的无力感。

小张是我小时候邻居的女儿，在一家公司担任办公室行政助理，每天都沉浸在文山会海中。她的办公桌上，文件堆得像小山一样高,电脑屏幕上闪烁着无数个未完成的文档和邮件。她工作很认真,早上第一个到办公室,晚上最后一个离开,经常加班到深夜,但工作似乎永远都做不完。

每当有新的任务下来时,小张总是习惯性地投入到低层次的重复工作中,比如机械地整理数据、复制粘贴文档等。这些工作虽然简单,但却耗费了她大量的时间和精力。她很少有时间去思考如何优化工作流程,或者如何提高自己的工作效率。

小张的上司对她的工作表现并不满意。他认为小张缺乏创新和主动性,总是被动地等待指令,然后机械地执行,做事不懂变通。领导希望小张能够更多地思考如何改进工作,提高工作效率,但小张却总是陷入低层次的重复工作无法自拔。

作为儿时的邻居大姐姐,我帮小张做了一些分析,造成小张"有心无力"现象的原因是多方面的。

她缺乏有效的时间管理技巧。她不会合理规划自己的工作时间,导致大量的时间被浪费在低层次的重复工作上。

她的技能与职位要求并不完全匹配。她缺乏一些必要的技能和知识,导致无法胜任目前的工作。

此外,她还缺乏明确的目标和反馈机制。她不知道自己的工作目标是什么,也无法得到及时、准确的反馈,导致无法评估自己的工作表现,也无法及时调整自己的工作策略。

为了克服"有心无力"现象,小张必须要主动出击,提升自己的职场能力:

○ 学习有效的时间管理技巧,合理规划自己的工作时间,避免陷入低层次的重复工作中,学会聪明且高效的工作。

○ 通过参加培训、阅读相关书籍或寻求同事的帮助等途径来提升自己的技能和知识，以适应更高层次的工作要求。另外，我建议她参加注册人力资源管理师认证考试，今后争取转到人力资源管理岗位。

○ 主动和公司领导汇报自己的工作进度和成果，勤汇报，多沟通，建立明确的目标和反馈机制，确保自己的工作方向正确，并能够得到及时、准确的反馈，以便及时调整自己的工作策略。

3. 挑战三：有力无心

有力无心通常指的是，拥有能力或资源，但缺乏动力去行动，干脆选择躺平。

林静曾是让人羡慕的职场女强人。她拥有高学历和出色的工作能力，在大企业担任要职，收入可观。然而，随着时间的推移，她逐渐发现，自己付出的努力似乎并未得到应有的回报——晋升机会渺茫，工作压力与日俱增。

在这种背景下，林静干脆选择了"躺平"。她不再像以前那样全身心投入工作，而是以一种消极、放任的态度面对职场生活。在公司，她感到疲惫不堪，对工作失去了热情和动力。

"躺平"背后的困境是什么呢？

○ **工作与家庭的冲突**：林静既想在工作上有所成就，又不想忽略对家庭的照顾。然而，现实往往让她陷入两难的境地。她感到自己无法在工作和家庭之间找到平衡。

○ **职业发展的停滞**：尽管林静拥有出色的能力和丰富的经验，但她的职业发展却陷入了停滞状态。她感到自己的技能和知识逐渐过时，与年轻同事相比处于劣势地位。这种停滞不前让她感到焦虑和沮丧。

○ **社会认同感的缺失**：曾经备受瞩目的职场女强人，如今却选择了"躺平"。这种转变让林静感到自己的社会认同感逐渐降低。她感到孤独和无助，仿佛被职场和社会所抛弃。

面对"躺平"带来的种种困境，林静开始积极寻求改变。找我做过教练沟通之后，她意识到重新找回工作的热情和生活的动力是关键所在。

为此，她决定采取以下措施：

○ **调整心态，重新审视自己的价值观**。林静开始反思自己的价值观和人生观。她意识到，工作并不是生活的全部，而是实现自我价值和追求幸福的一种手段，自己也并不甘心从优秀变平庸，只是之前选择逃避现实。因此，她决定调整自己的心态，以更加积极、乐观的态度面对职业发展和生活。

○ **寻求外部帮助，缓解压力**。为了缓解内心的压力和焦虑，林静积极寻求外部的帮助。她与亲朋好友交流心得，找我做职业咨询和教练陪跑，这让她逐渐找回了当初的自信和勇气。

○ **平衡工作与家庭，追求全面发展**。为了更好地平衡工作与家庭之间的关系，林静开始尝试制订合理的时间表和工作计划。她将更多的时间和精力投入到家庭和个人生活中，每个周末拿出一天的时间专心陪伴孩子，同时，她也开始学习新媒体营销，以提升自己的职业竞争力。

4. 挑战四：纠结摇摆

纠结摇摆通常指的是，无法把握机会，很难理性选择。

女性在职场上做选择时容易纠结，大多数时候是因为心里没底。为什么呢？

首先，社会给女性的压力太大了。要当好妈妈、好妻子，又要在职业上混得风生水起，这简直就像是在走钢丝，稍不注意就可能摔个大跟头。而且，有些行业或职位对女性来说就像是"男人的地盘"，想要进去就得面对各种偏见和困难。

再加上，如果工作环境不好，比如老板或同事对女性有歧视，那么女性在做选择时就会更加没信心。还有，如果身边没有朋友或家人的支持，女性就会感到更加孤单和无助。

另外，从内心看，有些女性对自己没信心，总觉得自己不如别人。还有些女性特别怕冒险，怕一旦选错了就会失去现在勉强维持的状态。再加上焦虑、抑郁等情绪问题的影响，以及对于失败后的严重后果的担忧，这些因素都会让女性在做选择时倍感纠结和不安。

萧萧面临着一个升职的机会，但需要调到外地工作。她心里就犯嘀咕：调走了，家庭怎么办？新环境，能适应吗？会不会受到排挤？万一失败了怎么办？

这些问题在她脑子里反复出现，让她在做选择时感到非常纠结。

女性在职场上做选择时纠结是很正常的现象。要解决这个问题，除了我们自己要努力提升自信心和决策能力外，社会和企业也应该给予更多的支持和帮助。比如，提供平等的就业机会、创造友好的工作环境、提供职业咨询和指导等。这样，女性在做选择时就会更加从容和自信了。

二、充电模型

心理能量低的女性,在职场上就像是电量不足的手机,随时可能关机。面对工作的压力和挑战,她们往往感到力不从心,容易疲惫和沮丧。

这时候,哪怕是一个小小的困难,也可能让她们感到无法承受。因此,对于她们来说,提高心理能量就像给手机充电一样重要。只有充满了电,她们才能在职场上保持最佳状态,迎接各种挑战!

解决上述问题可以采用"自我充电模型",如图 2-2 所示,这个模型能够帮女性充电回血,通向高能量状态。

图 2-2　自我充电模型

自我充电模型分为三个阶段：自我认知、自我照顾和自我成长。

1. 自我认知（充电达 20%）

○ **日常自省**。每天睡觉前，花几分钟回顾一下当天发生的事情，想想自己有哪些做得好，哪些可以改进；做重要决策后，花点时间反思决策过程，看看是否有哪些直觉或偏见影响了你的选择。

○ **与身边的人交流**。不时与亲密的朋友或家人分享自己的感受和想法，听听他们对你的看法；在工作中，寻求同事或上司的反馈，了解自己在团队中的表现。

○ **情绪日记**。当你感到特别开心、沮丧、愤怒或焦虑时，试着把这些情绪写下来，包括触发这些情绪的事件和你的反应，这样做可以帮助你更好地了解自己的情感模式和对不同情境的反应。

○ **尝试新事物**。无论是学习一门新技能、参加一个兴趣小组还是到一个新地方旅行，新体验都能让你更了解自己。留意在这些新情境中你的感受如何变化，你对哪些人和事感到兴奋，对哪些感到不适。

○ **留意自己的习惯**。观察自己日常生活中的习惯，比如你通常如何安排时间，你最喜欢的休闲活动是什么等。试着改变一些习惯，看看这些变化如何影响你的情绪和生活质量。

○ **实践感恩**。每天找出几件事情来感谢，无论是小事（如一杯好喝的咖啡）还是大事（如家人的支持），这种练习可以帮助你更加关注生活中的积极方面，同时提升你的自我意识和满足感。

○ **简化生活**。有时候,减少生活中的杂乱和干扰可以让你更清楚地听到自己内心的声音。试着减少一些不必要的承诺和活动,给自己留出更多独处和思考的时间。

2. 自我照顾(充电达 60%)

在认知的基础上,采取积极的行动来满足自己的心灵需求。自我照顾的方式可以因人而异,以下是一些建议:

○ **放松和休息**。定期安排休息时间,远离工作压力,让心灵得到放松。可以尝试一些冥想、深呼吸、瑜伽等放松技巧,或者简单地找一个安静的地方独处片刻。

○ **身体活动**。运动是释放压力和释放内心能量的好方法。无论是跑步、跳舞、游泳还是其他健身形式,身体活动都有助于调节心情和增强自信。

○ **社交互动**。与亲朋好友相聚,分享彼此的生活和情感,建立良好的社交关系可以提供情感支持和共鸣,让我们感到被理解和接纳。

○ **创造和表达**。通过艺术、写作、音乐、舞蹈等方式表达内心的情感和想法。这种创造性的表达有助于释放压力,提升自我认知和情感疏导。

○ **愉悦自己**。穿上漂亮的衣服,给自己化一个美美的妆,出门找一个环境优美的餐厅,和闺蜜或爱人一起,或者独自一人享受一场甜美的下午茶,时不时创造这样的美好时光,愉悦自己。

3. 自我成长(电量逐步达到 100%)

○ **每日学习一点点**。不需要一次性学习大量的新知识,每天抽出一些时间（比如 30 分钟）来学习或探索一个你感兴趣的主题，看一本某个领域的经典书籍；利用碎片时间，如在等车、排队或午休时，阅读一篇文章、听一段有声书或复习一些之前学过的内容。

○ SMART 目标设定。使用 SMART 原则（Specific，Measurable，Achievable，Relevant，Time-bound）来设定目标，确保它们是具体、可衡量、可达成、相关和有时限的。例如，"我想要更健康"是模糊的目标，而"我将在接下来的 30 天内每周至少跑步 3 次，每次 3 公里"就是一个具体且可衡量的目标。

○ 小挑战大成就。不要一开始就尝试巨大的挑战，而是从小的、可管理的挑战开始，比如每天早起 5 分钟；小范围挑战自己，完成后给自己一些小奖励，逐步建立自信和动力去迎接更大的挑战。例如，如果你害怕公开演讲，可以先从在家人或朋友面前做简短的演讲开始，然后逐渐扩大听众范围。

○ 日常反思与调整。每天或每周花一点时间来反思你的学习和成长进度，如果发现某些方法不奏效或不感兴趣，可以及时调整策略或尝试新的方法。记住，自我成长是一个持续的过程，需要不断地调整和优化。

○ 寻找成长伙伴或导师。找一个或几个志同道合的人一起学习和成长，互相鼓励和支持。寻找一个经验丰富的导师或教练，借助他们的指导或支持，你能够更快地成长。

通过这些方法，你可以逐步提升自己的"电量"，实现自我成长和不断进步。关键是要持之以恒，即使每天只进步一点点，长期积累下来也会带来巨大的变化。

本 节 练 习

想一想，你平时习惯用什么方式为自己充电？

第四节　低能量情绪对身心健康的隐秘侵袭

"情绪如同身体的晴雨表，它反映着我们内心的状态，也影响着我们的身体健康。"

情绪，像是心灵上的调色板，时刻为我们的内心世界涂抹着不同的色彩。而身体，则像是这调色板的画布，真实地记录着每一种情感的痕迹，画出来的画美不美，真的全凭我们的心情。

记得2017年初的时候，我仿佛踩在了永不停歇的踏板上。白天，像只陀螺一样不停地旋转，看书、上课、写文章、写课程、做咨询、写报告，还要照顾上小学的女儿……一刻也不得闲。我总是担心自己不够努力，怕自己的专业能力提升得太慢。

到了晚上，终于能够躺在床上休息时，我的大脑却像过山车一样停不下来。我翻来覆去，辗转反侧，就是睡不着。每天能睡着的时间连四个小时都不到。看着镜子里自己那憔悴的面容和黑眼圈，我感到自己简直可以和国宝大熊猫相媲美了。

我心里明白，这样下去肯定不行。于是，我求助了一位医生朋友。他耐心地听我诉说自己的困扰，然后分析说："你的交感神经过度活跃，可能是因为压力和焦虑等情绪状态导致的。你的身体和大脑一直处于高度紧张状态，所以无法放松和入睡，一句话总结：你每天想的东西太多了。"

他的话点醒了我。确实如此，身体给我发出了警告信号，而且这已经不是第一次了。

回想刚毕业的半年，我获得了部门副经理的晋升。这原本是我期盼已久的升职机会，可随之而来的却是巨大的压力。我接手了一个全省范围的大项目，负责推动信息化管理平台在各地的落地实施。

当时的我既兴奋又紧张，生怕辜负了上级的信任，更怕自己做不好这个项目。

那段时间，我像安装上了电动小马达，从早到晚都在思考项目的事情。每当想到项目的关键节点、可能出现的问题或者与其他部门、合作厂商的沟通情况时，我的心就会不由自主地提起来，感觉像是有一块石头压在胸口，让我喘不过气来。这种紧张的情绪不仅影响了我的工作状态，更直接地反映在了我的身体上。

当我感到压力大、心情紧张时，我的胃就开始隐隐作痛。那种疼痛并不剧烈，但却像是有一只无形的手在轻轻地拧着我的胃，让我感觉非常不舒服。有时候即使强迫自己吃点东西也会觉得胃部不适，难以下咽。为了缓解胃痛，我尝试过吃各种胃药，但效果都不明显。去医院做胃镜检查，医生却说我的胃并没有明显的病变，这让我更加困惑不解。

我过得非常煎熬，既要应对工作的压力又要忍受胃痛的折磨。每当夜深人静时，我都会躺在床上默默地思考：这一切到底是怎么回事。

幸运的是，三个月后项目最终顺利完成了。当最后一个节点成功落地时，我长舒了一口气，感觉整个人都轻松了许多。更令我惊奇的是，随着项目的结束，我的胃痛也奇迹般地消失了。

这两段经历让我深刻地体会到了情绪对身体健康的影响。当我们处于紧张、焦虑的状态时，身体会释放出一些应激激素来应对这种压力。这些激素会干扰我们身体的正常功能，导致各种不适的症状出现。比如胃疼、头疼、失眠，等等。这些都是身体在向我们发出自我保护的警告信号：提醒我们需要调整自己的情绪状态。

我经常遇到情绪状态不佳的客户，每次我都会耐心地询问他们："描述一下，此刻你的情绪状态如何？"

然后我会引导她们静静地感受一下自己的身体，看看是否有任何部位有反应，并形容一下那种反应是什么样的。

每个人的身体反应都不同，但是当她们说出自己的感受时，我总能听到一些相似的描述。

有的客户会说："我感觉很紧张，胃里憋得难受，会隐隐作疼，用手按压也疼。""我焦虑得头疼，脑袋里嗡嗡的，好像真的一个头变成了两个大。""我压力一大就背疼，整个背都硬邦邦的，晚上躺在床上都翻不了身。"

这些案例都反馈了一个事实：情绪状态不佳会对身体造成不良影响。

情绪和身体就像一对好朋友，它们之间互相影响，密不可分。当我们感到开心、兴奋时，身体也会跟着一起高兴，感觉特别有劲。当我们感到紧张、焦虑或者生气时，身体就会像被按了"紧张按钮"一样，心跳加速、血压上升，可能会觉得肚子不舒服或者头疼。这种身体反应是情绪状态的一种体现，也是身体在向我们发出求助信号。

反过来也一样，如果我们身体不舒服，比如肚子疼或者头疼，情绪也容易跟着变差，可能会更烦躁或者不开心。因此，我们需要时刻关注自己的身体和情绪状态，及时发现并调整不良状态，让身体和情绪都保持好状态。

如何打破这个循环，让身体和情绪都保持好状态呢？

首先，我们需要学会倾听自己的身体。当身体发出不适的信号时，不要忽视它，而是停下来感受一下自己的情绪状态。问问自己："我现在感觉怎么样？是不是有什么事情让我感到不舒服？"通过自我觉察，我们可以更好地了解自己的情绪状态，并找到导致身体不适的根源。

接着，我们可以尝试一些简单的放松技巧来缓解身体不适和情绪压力。深呼吸、冥想、瑜伽或简单的伸展运动都是很好的选择，可以帮助我们放松身心，减轻压力和焦虑，改善身体的不适感。

此外，照顾好自己的身体健康也是至关重要的。保持良好的饮食习惯，摄入足够的营养和水分，避免过度摄入咖啡因和糖分等刺激性物质。比如，晚上尽量不要喝咖啡和浓茶。确保充足的睡眠时间，为自己创造一个舒适、宁静的睡眠环境。同时，也要记得给自己一些放松和娱乐的时间，做一些自己喜的事情。

最后，如果我们发现自己无法独自应对低能量情绪和身体的不适，寻求专业的帮助，不要犹豫。心理咨询师、医生或其他专业人士可以提供更具体的建议和支持，帮助我们恢复身心健康。

情绪和身体是密不可分的，它们之间的相互作用对我们的身心健康有着深远的影响。通过倾听自己的身体、尝试放松技巧、照顾好自己的身体和情绪，必要的时候寻求专业帮助，我们可以打破身体与情绪之间的不良循环，让自己过上更加健康、快乐的生活。

本节练习

放松身心自我训练六步法：让你的身心脑合一，更好地照顾关爱自己。

1. 情绪觉察（识别当前不佳的情绪状态）

提问："我现在感觉到的主导情绪是什么？"（紧张、焦虑、痛苦、迷茫、懊悔、无助、纠结，还是其他）

2. 身体感知（将情绪与具体的身体感觉联系起来，增加情绪觉察的深度）

进一步提问："这种情绪在我身体的哪个部位最为明显或有不适感？"

再提问（更精准地描述）："这个部位的感觉是怎样的？紧绷、沉重、疼痛，还是其他？"

3. 情绪与身体的相互影响（认识到身体和情绪之间的相互影响）

提问："身体的这种不适是否加剧了我的情绪状态？"

进一步提问："如果是，我可以通过什么方式来缓解身体的不适，从而改善我的情绪状态？"

探索可能的缓解策略，如深呼吸、伸展、放松练习等

（续）

4. 需求探索
提问："我现在身体或情感上需要什么来让自己感觉更好？"
探索当前的身体和情感需求，如休息、社交、娱乐、安全感等
5. 目标设定与行动（制订具体的、可操作的行动计划）
提问："我可以通过什么具体的行动来满足这些需求并改善我的情绪状态？"
进一步提问："我如何确保这些行动计划得以实施？"
考虑可能的障碍和解决方案，确保行动的有效性
6. 反思与学习（从经历中提取有价值的学习点）
提问："这次经历中，我学到了关于管理我的情绪和身体反应的什么方法？"
再提问："未来，我如何运用这次收获来更好地照顾我的情绪和身体？"
将学习收获应用于未来情境，提升情绪管理和身体自我照顾的能力

第三章

能量升级:职场与人际关系的成功策略

第一节　从内而外，逐步唤醒你的内在能量

"水滴汇成了细流，细流缓缓流向前方，最终奔向大海的怀抱。"

想象一下，每一滴水都是那么微不足道，但当它们汇聚起来时，就成了辽阔无垠、波涛汹涌的大海。我们每个人，就像那一滴滴的水，看似渺小，但我们的每一个行动、每一个选择，都在共同塑造着这个宏大的社会。我们既是独立的个体，有着自己的思想和情感，又是彼此相连的集体，共同生活在一个社区、一个国家、一个世界。

著名的心理学家阿德勒说过："人无非有两种需要：一是归属，二是价值。归属源于爱，价值源于认同。认同里面有两种方式：第一种是别人的认同，第二种是自我的认同。"

生活的每一天，我们都在寻找着归属与认同。我们渴望被理解，渴望被接纳，渴望找到自己的位置。无论是在家里、社交场合，还是在工作中，我们都渴望找到"自己属于这里"的那种感觉，这就是归属感。当我们有了这种归属感，生活就会显得更加充实而有意义。

价值感是我们衡量自己是否重要、是否有贡献的一个指标。我们希望通过自己的努力和付出，得到别人的认同和尊重。更重要的是，我们也要学会认同自己，认识到自己的独特之处和优点，从而建立起自信和自尊。

每个人都有自己的价值，无论是多么微小。同时，我们也

有自己的力量，可以做出改变，可以影响他人，可以为这个世界带来一丝不同。

我们就像那滴水一样，融入社会的大海。不要害怕自己的微小，因为正是这些微小的汇聚，才有了宏大的力量。不要低估自己的价值，因为正是这些价值的叠加，才有了社会的进步。我们每个人都是这个社会不可或缺的一部分，我们的存在本身就是一种意义。

那么，如何更好地融入这个社会的大海呢？我想，按照由内向外层层推进的关系，我们可以从身体、关系、愿望、意义四个维度来思考，如图 3-1 所示。

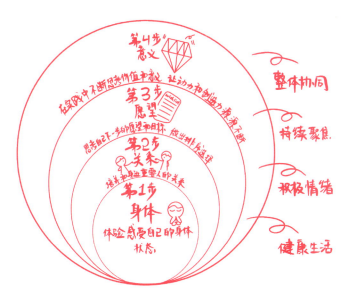

图 3-1　由内向外获得高能量

第 1 步：唤醒自己的身体觉知

身体是我们与世界互动的桥梁。每时每刻，我们都在通过视听感嗅觉、肌肉感和内在情绪感受来体验这个世界。生而为人，我们喜欢的是那种健康、平衡、敏感的身体状态。

想象一下，在一个春暖花开的下午，你和闺蜜坐在一个依山傍水的茶舍里围炉煮茶。周围是一片翠绿的竹林，不远处还有一条涓涓的小河。微风拂过面颊，带来阵阵花香，耳边是悦耳的虫鸣和鸟叫。这样的场景是不是让人感到无比舒适和愉悦呢？

为了保持这样的身体状态，我们除了要关注自己的健康，还可以从视觉、听觉、味觉、嗅觉和体觉（如图 3-2 所示）去训练自己身体的感知能力，具体方法如下：

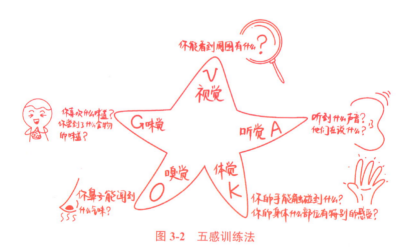

图 3-2　五感训练法

1. 视觉训练方法

观察细节。在日常生活中，多花时间观察周围的事物，尤其是那些你平时可能忽略的细节，如树叶的纹理、花朵的颜色渐变，等等。

练习追踪移动的物体，如用手指或笔在空中或纸上画出复杂的轨迹，然后尝试用眼睛追踪这个轨迹，这有助于提高视觉追踪能力。

2. 听觉训练方法

听音乐。选择不同类型的音乐，尝试分辨其中的乐器、节奏和旋律。也可以尝试闭上眼睛，全神贯注地聆听音乐，感受音乐带来的情感变化。在嘈杂的环境中，尝试分辨出特定的声音或对话，这可以帮助你提高在复杂听觉环境中的注意力。

3. 味觉训练方法

品尝不同食物。尝试品尝各种食物，尤其是那些你平时很少吃的食物。注意食物的口感、味道和香气，尝试分辨其中的细微差别。

练习味觉辨识。在一组食物中，尝试分辨出哪些食物含有相同的成分或调味料，这可以帮助你提高对食物成分的敏感度。

4. 嗅觉训练方法

感受更多清新气味。去大自然中接触不同的花草、树木的气味，或者在家中定期更换不同香味的香薰。经常闻一闻不同食物的味道，如各种水果，以提升嗅觉的灵敏度。远离二手烟以及各种具有刺激性味道的化学物质。

5. 体觉训练方法

练习瑜伽或八段锦。特别是哈他瑜伽中的很多动作，会很注重身体和心灵的联结，通过体式、呼吸和冥想来达到身心和谐。我每天会练习八段锦，通过深呼吸和缓慢的呼吸节奏配合，可以更好地感受到气息在身体内的流动，这也有助于提高对身体的觉知能力。

进行平衡训练。站在一个不稳定的平面上（如波速球），尝试保持平衡，这可以帮助你提高对身体姿势和重心位置的感知能力。

这些练习的方法都很简单，你可以在日常生活中找到很多机会来训练自己的感知能力。耐心和坚持是关键，不要急于求成。一段时间以后，你会发现自己的感知能力可以得到显著的提升。

第 2 步：培养人际交往能力

人是社会性动物，我们不可能独自生活在这个世界上。与家人、朋友、同事等建立良好的人际关系是我们融入社会的重要一步。总结自己成功的社交经验，思考如何与身边重要的人更好地沟通和相处。

你喜欢什么样的家庭文化？是温馨和睦、互相支持的，还是冷漠疏离、各自为政的？

你喜欢什么样的亲密关系？是彼此信任、相互扶持的，还是充满猜疑、不断争吵的？

我想，大多数人都会选择前者吧。

为了建立这样的人际关系，我们需要学会主动交流、表达自己的想法和感受。需要学会倾听他人、理解他人的立场和需求。需要学会友善和耐心、懂得珍惜和感恩。告诉孩子你很爱他，抚慰爱人说"你辛苦了"，向爸爸妈妈倾吐你对他们的爱。

这些简单的话语，能够传递出深深的温暖和力量。多夸奖，少指责，每天大胆赞美你身边的人，可以直接告诉他，也可以发朋友圈提醒他看。

现在，人越来越依赖用社交媒体，在一个办公室的同事都是发微信沟通，这种沟通方式虽然方便快捷，但也在一定程度上削弱了我们面对面交往的能力。

为了改善这种情况，我们可以尝试更多地参与现实生活中的近距离交流。比如，每天出去走走，和同事共进午餐，观察路上的行人，与门卫大爷聊聊天，晚饭后和家人散步谈心，参加一些社区活动，加入一些手工兴趣小组等。

面对面的沟通交流有助于我们更好地理解他人的情感和需求，提高我们的共情能力和人际交往技巧。我们需要通过观察对方的面部表情、肢体语言以及说话的语气和节奏来更准确地表达自己的情感情绪，这些都是数字通信无法替代的。

第3步：明确自己的目标和愿望

人生就像一场旅行，如果没有目的地，那么无论走多远意义都不大。我们需要明确自己的目标和愿望，知道自己想要什么、想成为什么样的人。这样，我们才能有针对性地规划自己的行动和时间。

什么是当下最需要突破的？是工作上的瓶颈，还是个人成长的障碍？

什么是对我来说更加重要的？是家庭的幸福，还是事业的成功？

什么是重要且紧急的？是处理突发的危机，还是抓住稍纵即逝的机会?

明确了自己的目标和愿望后,我们需要持续聚焦、保持专注。要分清轻重缓急,合理安排自己的时间和精力。要勇于面对挑战和困难,不断提升自己的能力和素质。只有这样,我们才能一步步走向自己的核心目标、实现自己的梦想。

第 4 步:寻找人生的意义和价值

人生不仅仅是为了生存和繁衍后代,更重要的是找到自己存在的意义和价值。我们需要通过不断的实践和探索以回应自己的内在需求和愿景。

对我而言,什么更有价值?我为别人带来了什么价值?我今天的生活是不是比昨天又更有意义了呢?

夜深人静时,躺在床上花五分钟时间回想自己一天的经历:

我去了哪里?做了什么?见了什么人?我又收获到了什么?有什么反思?我明天早起准备要做点什么?

这样的自省能够帮助我们更好地认识自己、理解自己。

加深意义和价值的方法:评估经验 + 确定关联 + 创想未来。

我在关于找适合自己的健身方式这件事,经历了很久的纠结和选择。

30 岁之前的我基本不锻炼健身,该咋吃咋吃,体重也可以一直保持,30 岁以后代谢率降低,为了自己的健康,我开始重视这个问题:

报过健身私教,上了三个月,效果还行,结果健身房老板卷款跑路了;

报过瑜伽私教,坚持得还不错,后来搬家了,离得太远,只能把卡转给了朋友；

报了舞蹈班课程，开始每周坚持上三次课，做了一次手术，医生建议静养三个月不能跑跳，暂时搁浅。

屡屡受挫后，我开始思考：

○ **评估经验**

什么锻炼方式比较适合我，并且比较容易坚持？经过比较，最后决定，日常每天晚饭后快走1小时＋每天两次八段锦＋间歇的垫上瑜伽，挺适合我这种"菜鸟"的，高强度的运动，还是让那些厉害的朋友们挑战吧。

○ **确定关联**

出门快走的时候可以呼吸新鲜空气，戴着耳机听书。和家人一起饭后散步的时候，还可以聊天增进感情，一举多得。

○ **创想未来**

我选择的健身方式很适合我，能让我获得健康又轻松的生活，不辛苦减肥也可以保持形体，感觉真好！

当我们学会用整体协同和系统思维去看待生活时，我们的视野就会变得更加开阔。

打开你的心门，让心中的意识向外流淌，自由地奔流向更宽阔的大海。打开心门，你就不会再只是盯着自己的一亩三分地，而是能够抬头看看周围的人和事，甚至是远方的山川河流和宇宙万物。

视角转变了，就像是打开了一扇新的窗户，让我们看到了一个更加丰富多彩的世界。

想象一下，如果你是一位新手妈妈，不仅要学习如何照顾孩子，还要兼顾工作。每天都像是在走钢丝，生怕一不小心就会失去平衡。但是，如果你能把眼光放远一点，拉长时间，转换视角来看待这个问题，你就会发现，其实这只是暂时的困难，而且这个阶段很多人都会经历。

三年后，孩子上了幼儿园，你就会有更多的时间和精力投入到事业中。到时候可能还会有新的问题出现，但你已经不是当初那个手忙脚乱的新手妈妈了，你的经验和能力都已经得到了提升。

所以，当我们遇到难题时，不妨试着换个角度去思考。我们就会发现，原来生活并不是那么复杂和艰难，而是充满了无限的可能和希望。

只要我们愿意去学习和成长，愿意去拥抱变化，一定会找到更多的解决方案，**人生不止有"是"和"否"，而是充满了无数种可能性和选择**。每个人都如同勇敢的冒险者，不断升级打怪，尝遍百态人生的酸甜苦辣，进而深刻感受内心跳动不止、滚烫热烈的生命意义。

本 节 练 习

用本节介绍的方法，唤醒自我：

要解决的核心问题	例如：如何才能更好地让家庭和事业平衡	满意度打分（满分10分）
第1步：身体	你的身体状态觉察（情绪和身体状态感受）	如6分
第2步：关系	你的重要关系觉察（和自己/重要他人）	如5分

(续)

要解决的核心问题	例如：如何才能更好地让家庭和事业平衡	满意度打分（满分10分）
第3步：愿望	审视你的重要愿望目标	如6分
第4步：意义	你更在意什么？评估经验+确定关联+创想未来	如6分
下一步行动计划	1. 2. 3.	

举例：用身体—关系—愿望—意义的步骤方法，分析一位升任部门经理的职场妈妈如何更好地平衡事业和家庭（四步需要自己填写）。

第1步：你的日常身体健康状态如何？是否觉得疲惫？情绪好还是怀？满意度能打多少分？

例如，最近感觉身体经常很疲惫，时间不够用，偶尔很焦急，满意度为6分。

第2步：你和爱人、父母、同事的关系如何？是否能得到家人、同事的理解支持？满意度能打多少分？

例如，我自己带了新团队，工作磨合中，和团队的同事们关系还不错，但是老公工作比我更忙，家里基本帮不上忙，公婆帮忙带孩子，经常也会有小矛盾，满意度为6分。

第3步：一年内你关于工作和家庭的主要愿望和目标是什

么？目标之间是否有冲突？目标完成度如何？分别打多少分？

例如，我希望一年内能把团队能力培养起来，有2~3个更得力的下属分担责任，现在事业和家庭都要兼顾还很难，目前只能打到4分左右。

第4步：家庭和事业平衡对你来说意味着什么？对你来说，最大的意义和价值是什么？你有什么新的视角和新的觉察？

例如，我做着自己喜欢的有价值的事业，团队磨合到位，效率提升，工作之余可以给予孩子高质量的陪伴教育，自己的小家庭可以经营好，这是非常满意的生活状态。新的视角是，把时间拉长一点看，其实有些事现在不做，以后还有机会的，不用那么着急。

通过以上梳理，你有什么新的觉察？准备开展什么行动？做哪些方面的调整？

行动计划：

1. 情绪上没有那么焦虑，眼光放长远一点，当下家庭和工作精力分配各占一半，每天给自己留10分钟的思考和整理时间。

2. 和老公沟通自己的想法和未来规划，互相支持，合作分担家务和孩子教育，和公婆互相尊重，好好相处。

3. 三个月内花更多的时间培训，提升员工的能力，培养出几个可分担工作的得力干将，给他们试错的机会，不要事必躬亲。

第二节　全面滋养：积极心理营养的吸收与运用

"心中若有桃花源，何处不是水云间。"

心理营养就像我们心灵的"食物"，营养均衡丰富，能够让我们的内心更加强大、健康、有活力，能够让我们的心理状态、情绪状况、人际关系以及个人成长等多个方面获得源源不断的滋养。

这里，我提供五种获取心理营养的方法供你参考，你也可以寻找一些适合自己的方法：

一、学会找专业人士咨询求助

我经常会遇到许多女性咨询者，她们在探讨职业发展问题的同时，也会向我敞开心扉，分享一些深藏心底的"小秘密"，这些话题往往涉及一些难以放下的心结、敏感或复杂的情感纠葛。在她们面前，我尽力做一个耐心、善解人意并值得信赖的倾听者和支持者。

对于许多女性来说，面对爱人、同事或朋友时，有些心事如同沉重的负担，难以启齿。她们害怕说出后可能会感到尴尬，或者担心自己的情感被误解、被嘲笑，甚至被利用。但当我作为一个与她们生活无交集的陌生人出现时，她们往往能够感到更加轻松，更愿意敞开心扉。

我深知这份信任的重要性，因此我总是竭尽所能为她们提供一个安全、私密的空间，让她们能够自由地表达自己的情感和想法。我相信，这种真诚的沟通不仅能够帮助她们找到解决问题的方法，还能够让她们感受到被理解、被尊重的温暖。

在这个过程中，我也深刻体会到了倾听的力量。有时候，一个简单的回应和理解，就足以让一个人感受到心灵的慰藉和力量。

女性遇到类似的问题，寻求专业咨询师的帮助是一种明智且有益的选择。请不要因为担心别人的看法而犹豫，也不要误认为寻求心理支持就意味着自己存在问题。事实上，每个人都值得拥有一个专业的倾听者和引导者，陪伴我们走过心灵的困惑与挣扎。

如何更好地开始这段关心自己的旅程呢？

首先，可以了解一下咨询和辅导服务的类型。比如，心理咨询、心理治疗、情绪教练，等等，每种方法都有自己的特点，适合解决不同的问题。我简单说一下这几种服务之间的区别：

○ **心理咨询**

心理咨询通常适用于那些在日常生活中遇到情绪、行为或关系问题，但并未达到严重心理障碍程度的人群。这些问题可能包括焦虑、抑郁、压力过大、人际关系困扰、职业发展困惑等。心理咨询的目标是帮助客户增进自我认知，解决问题，提高应对能力，促进个人成长。

○ **心理治疗**

心理治疗通常适用于那些已经被诊断为具有某种心理疾病

或精神障碍的人群，如抑郁症、焦虑症、强迫症等。心理治疗的目标是通过深入的心理分析和干预，帮助客户减轻或消除症状，恢复或提升心理健康水平，提高生活质量。

○ **情绪教练**

情绪教练主要适用于那些希望提升情绪管理能力的人群。这些客户可能并未面临严重的心理问题，但希望学习如何更好地识别、理解和管理自己的情绪，以提高情绪稳定性和自我控制能力。情绪教练还可以帮助客户发展积极的情绪调节策略，增强应对压力和挑战的能力。

此外，心理治疗通常由具备专业资格和临床经验的心理医生、心理治疗师或精神科医生提供，心理咨询和情绪教练也需要相关的专业资质。我们在选择服务时，最好都到正规的机构、平台去寻求帮助。

接下来，找个你觉得合适的咨询师。如果要面对面交流，可以在本地的心理咨询中心或者在线平台上找。选择咨询师的时候，注意看看他们的专业背景、经验，还有治疗方法和风格，确保你和他们能聊得来。

然后，和咨询师初步沟通一下，说说你来咨询的原因，你希望达到的目标。这样咨询师就能更好地了解你的情况，给你提供合适的帮助。

开始正式咨询前，咨询师可能会问一些问题，或者让你填个问卷，了解你的具体情况和需求。这都是为了让咨询更有针对性。

咨询过程中，你需要积极参与，把自己的想法和感受都说出来，和咨询师一起努力，找到解决问题的方法。

最后，别忘了沟通是个持续的过程，可能需要好几次会谈才能看到效果。所以，要有耐心，和咨询师保持联系，定期回顾进展，根据需要调整咨询计划。

作为女性，我们要特别关注自己的心理健康。如果感觉心里不舒服，别扛着，赶紧找专业的人帮忙。这样，我们才能更好地认识自己，释放内心的力量，过上更快乐、更满足的生活。

二、通过学习突破自我

如今这个快节奏的时代，我们有时会觉得心里空空的，好像少了点什么。这种感觉，我们称之为"精神饥饿"。它不同于物质上的饥饿，吃东西是解决不了的。真正能填补这种饥饿的，是学习、读书和成长。

○ **持续学习新知识，让大脑保持活跃的状态。**

学习就像给大脑吃饭一样重要。不管你是哪个年龄段的人，都应该对新知识保持好奇心。

活到老，学到老。别把学习当成一时的任务，而应该是一种习惯。现在网络这么发达，想学什么都能找到资源，比如在线课程、直播分享、工作坊之类的。

涉猎多领域。别只盯着一个领域，多涉猎不同领域的知识，这样你的思维会更开阔，想问题也会更灵活。

学以致用。学到的知识要用来解决实际问题，这样不仅能加深理解，还能让你觉得学习更有趣、更有动力。

○ **读书，可以带我们探索不同的世界，且成本很低。**

读书是另一种满足精神饥饿的好方法。书里各种各样的人物、故事和思想，读起来就像是在探索不同的世界。挑自己喜欢的书读，不管是小说、传记还是科普书，只要是你感兴趣的，都能给你带来精神上的满足。

深度阅读。别只读个皮毛，要深入去理解和思考书里的内容。可以做做笔记，写写读后感，或者跟朋友分享你的看法。

养成读书习惯。把读书当成日常生活的一部分，比如上下班途中、睡觉前或者起床后，都可以抽点时间读读书。

○ **持续成长，挑战自己，不断突破自己的舒适区。**

成长是一个永远不会结束的过程。要想不断成长，就得勇于挑战自己，走出舒适区。

设定小目标。给自己定一些明确、可实现的小目标，比如，学会一项新技能、读完一本书或者改掉一个坏习惯。

多回想自己的成长。时不时地回顾一下自己过去的成长经历，总结一下经验教训，看看接下来该怎么走。

敢于尝试新事物。别害怕失败和挫折，要敢于尝试新的事物和接受挑战。每一次的尝试都是一次成长的机会，即使失败了也能学到很多东西。

三、培养积极的思维习惯

我的咨询者小琪近期陷入了困惑之中，而她的困惑似乎有些"特别"：她发现团队里的伙伴们如今做事得心应手，迅速高效，反倒让她觉得自己在团队中似乎失去了价值感。

我微笑着向她提问:"小琪,我记得你是团队的负责人吧?你的下属能够如此迅速地完成任务,团队效率提升了,这难道不是一件值得高兴的事情吗?"

小琪点了点头,回应道:"确实,按理说应该是好事。但是,现在我发现事情几乎都被她们做完了,我自己反而变得无事可做,心里有些不安。"

我进一步追问:"那么,对于未来,你有什么打算呢?"

小琪沉思片刻,回答道:"我觉得我需要重新定位自己,不能再像过去那样只是单纯地执行任务了。作为管理者,我应该表现出应有的风范。"

我对她的想法表示了赞赏:"你能有这样的思考,说明你正在不断进步!这是一个积极的转变。"

小琪眼睛一亮,挺直了身体,自信地说:"我有信心面对未来的挑战,做更有价值的事情。"

卡耐基曾经说过的:"**一个人的成功,只有 15% 归结于他的专业知识,还有 85% 归于他表达思想、领导他人及唤起他人热情的能力。**"

我们的大脑里其实有两种小人在打架。一个叫"多巴胺小人",它总是让我们追求眼前的快乐,但当我们得到后,很快又会失去兴趣。另一个叫"五羟色胺小人",它鼓励我们为他人付出,这种付出不仅能让我们感到内心的满足,还能带给我们更持久的幸福。

现代社会,我们往往更容易听从"多巴胺小人"的摆布,追求短暂的快感。但真正的幸福,却来自于"五羟色胺小人"

的引导，它让我们学会为他人付出，感受到更深层次的满足和安宁。

想象一下，当你全身心投入到为家人准备一顿晚餐，或者与朋友们分享生活中的点滴时，那种从内心深处涌出的幸福感，是不是比任何物质的满足都来得更真实、更长久？

要培养积极的思维习惯，其实并不难。每天抽出十分钟的时间，让自己静下来，专注于此时此刻的呼吸和感受。这就是"正念冥想"。

通过这个小小的练习，你可以逐渐驯服那个总是躁动不安的"多巴胺小人"，让"五羟色胺小人"更多地参与到你的生活中来。

那么，怎么进行正念冥想呢？其实非常简单：

找一个安静的地方，穿上舒适的衣服。

坐下，挺直身体，放松肩膀，深呼吸。

闭上眼睛，把注意力集中在呼吸上，感受气息在鼻腔中流动的感觉。

觉察身体。从头到脚扫描自己的身体，感知每个部位的感觉，不做评价，只是觉察。

保持正念。让思维从头脑中流过，不进行评判，不深入去思考，不陷入情绪中，只是作为一个旁观者观察它们。如果注意力被其他事物分散，轻轻地将它带回到呼吸或身体感觉上。

正念冥想需要持续的练习，可以从每天几分钟开始，逐渐增加时间和深度。

每天坚持这个小小的练习，你会发现自己的心态变得越来越积极,生活中的幸福也会越来越多。

记住,幸福不是靠追求得来的,而是当你学会珍惜和付出时,它就会如涓涓细流般自然流淌到你的生活中来。

四、选择合适的释放自我的方式

释放自我,关键的一点就是不能忽视我们的情绪。小时候,如果我们的愤怒、伤心或焦虑总是被压制,长大后,我们可能会发现很难向别人提出自己的需求,或者习惯于默默承受别人的话语,自己独自消化这些情绪。

但问题是,有时候我们真的忍不下去。一个人如果强忍情绪会怎么样呢?

这些积压的情绪就会开始影响我们的身体健康,比如导致胃痛、背痛、消化不良或失眠等问题。我们的身体似乎在通过这种方式来"释放"那些被压抑的情绪。

所以,**我们必须正确看待情绪,它其实是一种非常重要的能量**。想象一下,如果没有这种能量,我们可能连早上起床去上班的力气都没有,那种感觉就像"行尸走肉"般。

有时候,我们对情绪的理解是有些偏差的,我们过于害怕面对它。

"有情绪就意味着我不够优秀吗?"其实不是这样的。相反,能够表达情绪可能正说明你是个充满能量的人。有情绪其实是件好事,它意味着你的感受是丰富而强烈的。

在家里,我们更应该允许自己有情绪,因为家是最应该让我们感到安全的地方。只是需要提醒自己,有情绪的时候也要注意不要伤害到其他人。

我们可以找些合适的方法来合理地宣泄情绪。分享一个我自己觉得非常有用的心理学中的情绪缓解疗法：**情绪敲击法**。

当我们感觉情绪不佳，身体某个部位也难受的时候，可以先去感受此刻情绪状态：焦虑的、压抑的、失落的、悲伤的、痛苦的、无奈的、愤怒的……

先判断出来此刻是属于哪种情绪，比如：我现在很焦虑，接着用弯曲的三个手指头（食指、中指、无名指）轻轻地敲击那个身体部位，并且边敲边自言自语：

"即使我很**焦虑**（根据情绪变化替换这个词），我仍然接纳自己，深爱我自己。"大概连续敲击七八下，重复七八遍，情绪和身体都能得到大大的缓解。

如果你喜欢唱歌，这也是个很好的放松方式。我经常一边洗澡一边唱歌，狭小空间里面自带环绕立体声，大声唱歌不仅可以心情愉悦，还能帮助我释放压力。

如果你喜欢玩游戏，那么手游、电脑游戏都是不错的选择，可以让你在紧张刺激的游戏体验中放松自己。

如果你喜欢安静，那么看书、插花、品茶、喝咖啡或调酒都是很好的选择，在享受美好时光的同时，也能提升自己的品位和修养。

如果你喜欢听音乐，那就多听听自己喜欢的音乐。我的网易云 App 里面存了很多歌单，有抒情纯音乐、有充满激情的电音、也有经典的流行歌曲……我觉得每个人都需要一份属于自己的歌单，它就像一位不离不弃的朋友，陪伴我们走过人生的每一个阶段。

如果你喜欢运动，那么跑步健身，甚至做家务也是不错的选择，它可以让你在锻炼身体的同时，让家里也变得更加整洁和温馨。

如果你喜欢动手做一些小玩意儿，那么画画、手作小玩具、拼图积木等也是很有趣的选择，这可以让你在发挥创造力的同时，感受到成就感。

如果你喜欢户外，那就出去走一走，也可以尝试想象自己身处一个喜欢的地方。比如海边、山顶或者森林，把思绪集中在那里，让自己逐渐进入那个场景，这样可以达到精神放松的效果。

如果实在太累了，睡觉发呆是最简单的放松方式之一了，它可以让你的身体得到休息的同时，让大脑也得到休息和恢复。

五、寻求重要他人的支持

当身边的朋友遇到困难时，我们通常都愿意伸出援手：无论是倾听、提供建议、给予鼓励，还是提供实际帮助，我们都可以成为他人生活中的一股积极力量。同时，也要记得在自己需要的时候可以去向他人寻求支持，因为没有人必须要独自面对困难。

有几种类型的人是我们的"加油站"，去把他们找出来：

首先就是亲密的家人。家，永远是我们的避风港。无论是父母、兄弟姐妹，还是配偶，他们总是在我们需要的时候，给予我们最坚实的支持和最温暖的怀抱。

然后，是那些真心的朋友和知己。他们就像生活中的小太阳，总能带给我们正能量。他们了解我们，懂我们，在我们遇到困难时，总能给出最有用的建议和鼓励。

我记得上学的时候，每到过年过节，家里总是热闹非凡，亲戚们从四面八方赶来，齐聚一堂。那时候，奶奶还健在，她是全家聚会的中心。

表哥表姐们都已经踏入社会，工作忙碌。一聚在一起，他们就开始各种吐槽，仿佛要把积压在心头的不满都释放出来，有的说年终奖发少了，有的抱怨过节时领导还要上门"打扰"，有的担心公司效益不好，明年的前景堪忧。

奶奶呢，她总是坐在一旁，脸上挂着那熟悉的慈爱笑容。她静静地听着，眼神里满是理解和包容，那眼神仿佛有一种魔力，能让我们瞬间感受到温暖和安慰。

每当这时，我总能从奶奶的眼神中读懂她的心声："孩子们，人一辈子就是这样，有起有落，有苦有甜。但不管怎样，你们都要相信，无论何时何地，我都会在这里听着你们的故事，陪着你们。"

这样的场景，总是让我感到格外温馨和踏实。因为我知道，无论外面的世界如何纷繁复杂，家里总有一个温暖的角落，属于我们每一个人。

本 节 练 习

写一下你日常放松的五种方式，把它们放在你触手可及的地方。

例如：以下是我日常放松的五种方式：

深呼吸练习。我在书桌上放置了一张小卡片，上面写着"深呼吸，放松心情"的提示。每当我感到压力或焦虑时，看到这张卡片，我就会停下来，闭上眼睛，深深地吸气，再慢慢地呼气。这个简单的练习帮助我恢复平静，缓解紧张情绪。

阅读。我会在床头放置一本最近正在阅读的书籍。每晚睡前，我都会花一些时间阅读，这不仅能帮助我放松，我还能顺便学习。

冥想。我在房间的角落放置了一个软软的冥想垫，每当有空闲时间时，我就会坐在垫子上，进行几分钟的冥想。通过集中注意力和深呼吸，我能够清除头脑中的杂念，放松身心。

散步。我日常会穿一双舒适的运动鞋，在我家附近散步。新鲜的空气和运动能帮助我释放压力，我顺便还能欣赏周围的风景。

听音乐。我在随身物品中总是带着一副蓝牙耳机，手机里面也收藏了我喜欢的音乐歌单。出门在外的时候，只要我感到紧张或想要闭目养神，我就会戴上耳机，让音乐的旋律帮助我放松。

第三节　主动沟通：构建高效人脉网络的秘诀

"有效的沟通取决于听者的回应。"——彼得·德鲁克

与人主动沟通可以帮我们打开高能量的开关。当你敢于迈

出这一步时,你就已经为自己的职业发展打下了坚实的基础。而掌握了沟通技巧,则能够让你在职场中更加游刃有余,取得更好的成绩。

主动沟通的重要性不言而喻。无论是与同事、客户还是领导,都需要通过沟通来协调工作、解决问题、推动项目进展。一个善于主动沟通的人,能够更好地表达自己的观点和需求,也能够更好地理解他人的想法和期望。这种沟通能够增进彼此之间的了解和信任,增进团队合作,同时为你的职业发展创造更多的机会。

一、与同事之间的沟通应出于互助且保证高效

多关心帮助同事,平常真心相待,关键时刻才能同舟共济。

记得有一次,我从办公室去茶水间准备泡一杯咖啡,经过运营部小丽的座位时,看她坐在电脑前,眉头紧锁,双手紧紧抱着腹部,脸色苍白。我凑近轻声问道:"小丽,你怎么了?看起来不太舒服。"

小丽抬头,眼中带着一丝尴尬和痛苦:"小白姐,我来例假了,肚子很疼,不过手里活儿还没干完。"

我心中一紧,温和地说:"身体是革命的本钱。你现在这种状态,不仅自己难受,工作效果也不好。听我的,先回去休息一下。"

小丽还想坚持,我联系她的项目经理,让她过来把小丽手里的事情安排一下。项目经理知道后也对小丽说:"你放心,

我会安排好你的工作。你回家后好好休息，休息好再来。"

小丽感激地看着我们，她默默地收拾好东西准备回家。临走前还说："我把电脑带回家，有什么问题就告诉我，我休息半天应该就没事了，不会耽误工作的。"

团队里的同事是我们身边不可缺少的伙伴，只要我们付出真心和无微不至的关怀，相信总会有相同的有心人进入我们的视线，也许彼此会成为好搭档和朋友。

同事有困难的时候多打打电话，问候几句，无论你身边的同事离职与否，和一些合得来的人保持联系，也许在你最需要的时候能得到对方的帮助。

平时多给人一些恩惠，坚持付出大于收益的原则。

千万别做"无事不登三宝殿"这样的人，平时不闻不问，关键时候拉拢别人，只会让别人对你不屑一顾，更不用说伸出援手帮忙了，所以用心在平时。

比如，时不时请下属吃个饭，和下属谈谈心，逢年过节互送些小礼物等，这样会让别人对你产生信任，工作中更会心甘情愿地为你付出。

大家都说职场沟通说话要讲艺术，我有三点心得，分享一下：

第一点，切忌在公开场合出言顶撞，哪怕你的确是对的。

职场相交，三分情面七分竞争。每个人在职场上拼搏，为的都是体面与尊严。

当面顶撞别人，不仅让人下不来台阶，折煞了别人的脸面，更加会给人"不合群"的感觉。一次两次也许会被认为性子直，三次四次下来，也就没人愿意再跟你合作，估计都要绕道了。

有任何意见，私下沟通，平和交流，大多数公开的指责都带着目的性，大可不必用在一起共事的人身上。

如果有心里不满的时候，最好先深呼吸五秒钟，让自己的情绪平复一下。

先肯定别人的做法："你这样做是非常有道理的，如果能从这些方面再考虑一下，效果可能会更好，你觉得呢？"

此万能句式一出，几乎没有谈不成的事情。

第二点，学会用心赞美。

赞美是一种非常有用的沟通技巧，是缓和剑拔弩张的气氛的最大杀器。

赞美让人心情愉悦，也更容易接受他人的意见。同时，赞美他人还能够提升自己在团队中的形象，帮助你打通人际关系的任督二脉。

赞美方法：真诚的表情＋热情的肢体语言＋恰如其分的文字＋切实的行动。

比如，下属拿下一个大单子，你满脸惊喜地给了她一个大大的拥抱，拍着她的后背说："我就知道你一定行的，你这个月天天跑客户都晒黑了，周末请你去做 spa，好好慰劳慰劳你"。

赞美的层次从低到高依次是：赞美对方的外表，赞美对方的行为／能力／成果，赞美对方的品质。

"我非常欣赏你的诚实和正直，你总是坦诚地表达自己的想法,这种品质在现代社会非常难得。"

"你的善良和同情心让我深受感动。你总是愿意帮助他人,这种奉献的精神真的很值得学习。"

"我很钦佩你的毅力和决心。面对困难和挑战,你从不轻易放弃,很令人敬佩。"

"你的责任心和敬业精神让我非常感动。你对工作的投入和热情,以及对待每一个细节的严谨态度,真的很值得大家学习。"

第三点,沟通简明扼要,直奔主题,有逻辑、有层次。

当代人最宝贵的是什么?是时间。特别是在争分夺秒的职场上,你说的话越有营养,说的"干货"越多,废话越少,别人就越容易理解你的意思,沟通效率也就越高。

我在跟下属交代工作的时候常用的模板是:"今天我三个事情要告诉你,第一……第二……第三……,其中最重要的是第三件事情,你需要联系×××,最晚完成时间是×××,都记下来了吗?有不清楚的地方马上告诉我。"

交接清楚,接手的人也明白,这一点非常有用。同事、客户也愿意跟你合作,因为沟通不费力。

二、与客户之间的沟通应做到专业且细致

从做高管到自己创业,我合作过的客户类型非常多,有外企高管、国企领导、私企老板、政府领导、运营商负责人,等等。见识过形形色色的客户,积累了一些洞察客户的经验。真正要长期合作,达到双赢,光忽悠对方签合同肯定是不够的。

我们经常说"成就客户,实现自我",也就是要更了解客户、懂得客户,让客户信任你,接纳你,最后一起获得成功。

沟通合作分为四个步骤:了解客户、建立信任、挖掘需求、持续共赢。

前三个步骤都很好理解,从了解需求到信任,主打的是真诚,最后能否真正达成合作取决于你们的共赢目标,多的细节不展开,这里介绍两个很实用的沟通小技巧。

技巧一:不要把自己放在弱势地位。

不管是写工作邮件还是与客户面对面沟通,我从来不对客户说:"请问,你们需要我们做什么才能满意?"绝对不要因为对方是甲方就把对方位置捧得很高,把自己压低到尘埃,如果那样做,还没开始合作,你就输了。

直接的沟通是,请您及时告知我们您的需求和想法,我们一起探讨下一步应该怎么做。用这样的方式持续沟通,客户就会习惯把你当成一个团队的成员,会对你产生依赖,并不会觉得你是求着他们做生意,甚至会帮你一起想办法,而不是把困难甩给你解决,或者出了问题把责任推给你,让你背锅。

技巧二:尽量匹配不同类型客户的需求(这里是针对合作关键人物)。

和强势型的客户合作,请注意满足他们的掌控欲望。定期的项目进度汇报一定要准时发送邮件或者信息,业绩变化的分析报告也要及时提供,重要的需求沟通会议也是必需的。高层的见面沟通最好能够保证一个月一次,沟通太频繁会浪费大家的时间,沟通太少会显得不够重视对方。

和热于交际的客户合作，聚会、沟通都需要保持一定频率。过节了，也记得在客户沟通群里面发个祝福消息。项目的业绩增长喜人，可以聚会庆祝一下，给员工打打气，顺便也增进一下合作感情。

和优柔寡断型的客户合作，需要跟他们保持单线联系，时常嘘寒问暖。他们可能会经常感到压力比较大、比较焦虑，如果你能够帮助他们解除焦虑和压力感，他们会非常感谢你。

和严谨型的客户合作，请更加关注细节，响应及时。比如，如果有用户投诉，你要比客户先发现，并且第一时间告知客户，一起想出应对和解决的办法。

千万不要对着严谨内敛的客户高谈阔论，没有重点，不着边际，也不要对强势自我的客户随便承诺，夸下海口。随时记得，我们的目标是"共赢"。

我曾经遇到过一个很有挑战性的客户，某大型证券公司的产品部负责人，业界颇具盛名。初次接触时，他并未展现出多少合作的诚意，毕竟同期还有几家公司在与我们竞争。

作为产品线的负责人，我与当地销售副总及销售经理邀他共进午餐。席间，他温文尔雅，与我畅谈《道德经》中的"和光同尘"之道，气氛融洽，相谈甚欢。然而，令人费解的是，尽管气氛和谐，他却对合作之事只字不提，需求也未涉及。

午后，当我们在公司会议室深入探讨合作方案时，他却突然转变态度，提出了一系列刁钻问题，仿佛换了一个人。

其中一个问题是："你们的数据终端能保证让客户一定都赚钱吗？"

对此，我内心不禁有些疑惑，因为我深知炒股的风险与不确定性，任何数据软件都无法确保股民稳赚不赔，只能提供准确、及时、完善的数据信息作为分析参考。

显然，他的问题带有明显的刁难意味，意在试探我们的反应。如果我们此时表现得唯唯诺诺，不断解释产品的优势与用心，恐怕效果会大打折扣。因为，他可能会继续寻找新的理由来质疑我们。

将话题聚焦于产品的同行业对比，很可能会陷入无休止的争论之中，毕竟任何同类产品都难以在性能上拉开天壤之别。

面对他的刁难，我并未选择逃避或愤怒。相反，我冷静地反问他："请问我们这款数据产品目标客户是谁？您是希望让大客户们服务体验更好，还是希望所有开户的人都能保证稳赚不赔？"

这一反问，将他的问题抛回给他。显然，他关注的重点并非散户的投资风险，而是如何提升大客户的服务体验。

他盯着我看了五秒钟，语气终于软了下来，说："好吧，我们再来谈谈 VIP 客户的分级资讯和服务策略吧。"

我微笑着回应："没问题，这正是我们产品的优势所在。"

事后，我向当地销售同事询问："这个人中午还好好的，怎么下午就翻脸不认人了？"

同事尴尬地解释："他就是这样一个人，他看不上的人连话都不愿多说，觉得那是在浪费时间。他之所以会刁难和质疑你，其实是因为他觉得跟你谈话有价值。"

我哑然失笑，原来他的刁难与质疑，竟是对我们专业能力的认可与试探。

所以，遇到强硬和刁钻的客户时，首先，我们要确保内心足够强大，不能被他们的态度所吓倒。要保持冷静，心态平和地耐心倾听，这样才能在交流中保持清晰的思维和敏锐的洞察力。

其次，我们需要冷静思考并坚守自己的立场，不能被客户的强硬态度所左右，失去自己的原则和底线。我们要有理有据地回应他们的质疑和刁难，用专业的知识和细致的分析来展现我们的价值。

最后，我们要努力理解客户话语背后的真正意图，抓住他们真正的关注点。只有这样，我们才能更准确地回应他们的需求，提供更贴合他们期望的解决方案。

我们最终的目的是将态度异常的客户引导到正常有序有效的沟通轨道上来。通过积极的互动和专业的表现，赢得客户的信任和认可，从而达成长期稳定的合作关系。

在这个过程中，我们不仅要展现自己的专业素养，还要学会倾听和尊重客户。只有建立了良好的沟通氛围，才能确保双方的合作顺利进行。

三、与领导之间的沟通应做到尊重且真诚

我的来询者小雨有一段时间陷入了精神拉扯：工作、家庭、孩子、学习、运动、健康都顾不上，生活过得浑浑噩噩，日子一天一天地重复。

身边带着一个哭着喊着不让妈妈出差的娃。每天计划内

的、计划外的工作应接不暇，时间大部分都分摊在工作上。因为太忙太累，她陪伴孩子的时候总没法儿集中精力。周末带娃出去，也得随时带着电脑，工作和休假相互杂糅。永远都是紧绷绷的，整个人感觉都是僵硬的，后背也经常酸疼。

面对小雨的困境，我轻声安慰道："小雨，你已经做得很好了。想象一下，如果是你的闺蜜在经历这些，你会如何安慰她呢？"

小雨深吸了一口气，缓缓地说："如果是我的闺蜜，我会告诉她，其实很多事情不必过于追求完美，只要尽自己最大的努力就好。"

后来，她大胆地和老板沟通了目前兼职工作太多，希望把琐碎的部分工作移交出去，并且承诺在重要项目上把精力集中做出成绩。老板考虑后，理解并同意了她的请求。

随后，小雨迅速行动起来，主动建立了交接群，顺利完成了工作移交。现在，她终于有了更多的时间来调整自己的身体和精神状态。

我引导小雨尝试用了魔镜方法，她对着镜子说："我真棒呀！我已经很棒啦！我要和焦虑再见！"

如何跟上级提自己的需求呢？每个公司都有正常的病假事假规则，生病、生孩子、家中有急事、家人去世，等等，都是很正常的请假理由，所负责的工作内容，也是可以协商调整的，没有那么难开口，有困难你不讲出来，领导怎么会知道呢？

这几个步骤可以供你参考：

○ **明确需求**。我们要明确自己的需求，并准备好充分的理由和依据。这样不仅能增加说服力，还能让上级感受到我们的诚意和决心。

○ **安排好工作**。提出需求的同时，我们应该尽可能地将自己的工作安排好。如果可能的话，我们可以将重要的任务梳理细节交接给同事，以确保工作的顺利进行。这代表我们的专业度和责任感。

○ **保持尊重和真诚的态度**。与上级沟通需求时，我们要保持尊重和真诚的态度，先感谢领导的关爱和培养，避免使用过于强硬或情绪化的言辞。同时，我们也要认真倾听上级的意见和建议，以便更好地调整自己的需求。这展现了我们的高素质。

○ **事后感谢并回馈支持**。在需求得到满足后，我们要及时向支持和理解我们的上级和同事表示感谢。同时，我们也要以实际行动回馈他们的支持，努力提升自己的工作能力和效率。

本 节 练 习

职场日常沟通练习。

1. 日常交流中的主动沟通	在与同事或上下级的日常交流中，不妨主动发起对话并提问。例如，在团队会议上，你可以主动询问某个项目的进展情况，对其他同事的工作先表示称赞和认可，再对某个方案提出自己的疑问和建议
2. 模拟场景练习	设定一些常见的职场沟通场景，如与客户谈判、向上级汇报工作、与同事解决冲突等，并在心中或者对着镜子模拟对话。你可以想象对方的反应，并思考如何回应

(续)

3. 利用午餐或休息时间进行交流	在午餐时间或休息时段，主动邀请同事进行交流，可以聊一些工作以外的话题，增进彼此的了解和信任
4. 写作练习	除了口头沟通外，书面沟通在职场中同样重要。你可以通过写邮件、报告或总结来练习写作表达，也可以发表在自媒体上。注意用简洁明了的语言阐述观点，并确保逻辑清晰、条理分明
5. 参加讨论和分享会	积极参加公司或团队组织的讨论和分享会，发表自己的观点和看法
6. 反馈与自我反思	每次沟通后，及时给予自己和他人反馈。思考自己在沟通中的表现，哪些地方做得好，哪些地方需要改进。同时，也要接受他人的反馈和建议，不断调整和优化自己的沟通方式
7. 学习行业术语和专业知识	了解并熟悉行业术语和专业知识，可以让你在沟通中更加自信、专业。通过阅读行业报告、参加专业培训或与资深同事交流等方式，不断提升自己的专业素养
8. 保持积极和高能量状态	保持积极、开放的心态，与他人分享自己的想法和见解。同时，也要尊重他人的观点，避免过于固执己见或攻击他人

通过以上日常练习方法，你可以逐渐提升自己的主动沟通能力，更好地适应职场环境并取得成功。记住，沟通是一个双向的过程，需要不断地实践和调整才能取得最佳效果。

第四节 高效决策与创新思维：推动职场卓越表现

"创新有时需要离开常走的大道，潜入森林，你就肯定会发现前所未见的东西。"——朗加明《创新的奥秘》

现代女性在职场中的地位虽然有了很大提升，但还是经常会遇到不少困难。比如说，有些人还会对女性有偏见，觉得女性不如男性适合某些工作，或者给女性的工资和晋升机会不如男性。而且，女性通常还要兼顾家庭和事业，这让我们承受了更多的压力。

同时，AI 时代，很多工作都变智能了，我们要学得更快、做得更好，才能不被淘汰。

我们需要培养自己的创新思维，这样才能找到新的机会，做出不一样的成绩，我们才能在竞争中领先一步，生活才会更有趣。

所以，对于职业女性来说，高效工作和创新思维都很重要！

高效工作能让女性在职场上更轻松地应对各种任务，减少加班和压力。创新思维则能帮助我们打破旧有的限制，找到更好的工作方法和解决方案。

一、高效工作：让一切尽在掌控中

你是不是常常觉得时间不够用，工作总也做不完？

想象一下，早上你刚踏入办公室的那一刻，眼前的景象是怎样的呢？一堆堆的文件像小山一样堆积在桌上，电脑屏幕上闪烁着未读的邮件提示，每一项都需要你的注意和处理。待办事项列表似乎永远也写不完，新的任务和项目不断地加入其中，仿佛是一场永无止境的马拉松。

这种场景下，你可能会感到焦虑和压力倍增。每一项任务都在催促着你尽快完成，而时间却毫不留情地向前推进。你努力地想要抓住每一分钟，但却发现自己的手指间溜走的是一整个小时。

尽管我们常常觉得时间不够用，但事实上，时间对每个人来说都是公平的。它不会因为我们的忙碌而多给我们一分钟，也不会因为我们的闲散而少给我们一秒钟。关键在于我们要学会管理和利用这有限的时间资源。

以下是一些高效工作的小技巧，希望对你有所帮助。

○ **制定清晰的目标**

开始工作之前，明确目标和计划，这有助于你更好地集中精力，避免在工作中迷失方向。将大目标分解成小任务，并为每个任务设定截止日期，这可以帮助你更有效地管理时间和资源。

○ **优先处理重要任务**

将你的任务列表分类为高、中、低优先级，优先处理那些对你的目标影响最大的重要任务。这可以确保你在有限的时间内取得最大的成果。

○ **避免多任务并行**

尽管有些人认为同时处理多个任务可以提高效率，但事实上，这通常会分散你的注意力，导致每个任务都完成得不够好。尽量一次只专注于一个任务，直到完成或达到一个阶段目标，然后再转向下一个任务。

○ **定时休息**

长时间连续工作可能会导致疲劳和注意力不集中。定时休息可以帮助你恢复精力，提高工作效率。每隔一段时间（如

30~60分钟）休息几分钟，或者让工作和休息交替进行。

○ 消除干扰

做重要工作的时候，尽量消除可能干扰你的因素，如关闭手机通知、将微信和其他分心的应用程序暂时禁用、找一个安静的工作环境等。这可以帮助你更好地集中注意力，提高工作效率。

○ 批量处理相似任务

将相似的任务集中在一起处理，可以提高效率。例如，花时间一次性回复所有电子邮件，而不是在一天中不停回复；或者一次性完成所有的数据输入工作，而不是在多个任务之间来回切换。

○ 使用工具提高效率

利用各种工具和新技术来提高工作效率，如使用日历应用App管理和提醒日程、使用待办事项列表跟踪任务、使用语音识别软件快速记录笔记、使用AI工具制作表格及查询资料等。这些工具可以帮助你节省时间，减少手动操作，提高工作效率。

○ 反思和调整

定期回顾你的工作方法和效率，思考是否有改进的空间。尝试新的技巧和工具，看看它们是否能提高你的工作效率。不断学习和调整是保持高效工作状态的关键。

高效工作能让我们做事更快、更好，还能有更多时间去做自己喜欢的事情。

效率高能让我们在单位时间内完成更多的任务，而且质量也不会打折。这样,我们就能在工作中得到更多的认可和尊重,自信心和满足感也会随之提升。

提升效率也意味着我们能更好地管理自己的时间和精力。我们不会总是觉得时间不够用,也不会总是被工作压得喘不过气来。相反,我们会有更多的时间和精力去享受生活,去追求自己的兴趣爱好,去陪伴家人和朋友。

当我们能够轻松应对工作任务时,我们就不会再因为担心做不完或者做不好而感到焦虑和不安。我们的心态会变得更加平和健康,生活质量也会因此得到提升。

二、创新之旅:公司更有吸引力,员工更有积极性

李京京,作为一位经验丰富的人力资源总监,也是我教练课程中的杰出学员,面对公司居高不下的员工离职率,她并没有选择传统的解决方式,而是决定从员工体验这一全新的角度入手,尝试进行创新。

她深刻体会,好员工是公司最宝贵的财富,而员工的满意度和忠诚度直接影响到公司的稳定与发展。因此,她首先推动了公司办公环境的改善。从装饰风格到办公设备的更新,每一个细节都体现了对员工的关怀和尊重:升降办公桌、午睡躺椅、跑步机、桌游、电玩……这不仅提升了员工们的工作舒适度,也让他们在繁忙的工作中感受到了公司的温暖。

接着,李京京向老板申请大胆尝试了每周一天弹性工作制度。她知道现代的人对于工作与生活平衡的渴望,她倡导员工可以根据自己的实际情况,每周有一天可以灵活安排工作时间

和地点，前提是保质保量地完成工作任务。弹性工作制度并没有导致员工们消极怠工或者工作质量下降。相反，由于员工们在自主安排工作时间和地点的同时，也承担了保证工作质量的责任，他们在弹性工作日的工作完成质量反而更高了。这种积极的变化不仅让员工们感到满意和自豪，也让公司管理层对弹性工作制度的效果感到惊喜和认可。

此外，李京京还定期组织员工团建活动，通过各种形式的活动，增强团队凝聚力。她认为，一个团结和谐的团队是公司发展的重要保障。因此，她总是尽可能地创造机会，让员工们在一起交流、合作，共同为公司的发展贡献力量。

除了这些硬件和软件的改善，李京京还利用了所学的教练沟通的方式，与每一位员工进行深入的谈心。她耐心地听取95后、00后员工的真实需求和想法，了解他们对未来的规划和对公司的看法。她不仅是一个管理者，更是一个倾听者和引导者，帮助员工们找到自己的定位和价值。

在她的倡导下，公司还组建了一个"不躺平兴趣小组"。这个小组为员工提供了一个畅所欲言的学习平台，大家可以在这里提出自己的工作点子、分享经验、交流心得；定期组织学习AI新知识新技术，分享学习成果的员工还可以获得小奖品和荣誉激励。这不仅激发了员工的创新精神和积极性，也为公司的发展注入了新的活力。

这些创新举措的实施，有效提升了员工的工作满意度和忠诚度。员工们感受到了公司的关怀和尊重，也看到了自己在公司中的价值和地位。公司离职率明显降低，公司的整体绩效也得到了显著提升。

李京京的创新之旅不仅为公司带来了实际效益，也为职场生态的改善提供了宝贵的经验。她用实际行动证明了，只要用心去观察、去思考、去实践，创新并不难。只要我们真正关心员工的需求和感受，用心去打造职场新生态，就一定能够收获满满的成果和回报。

提升创新力并不是一件遥不可及的事情，通过京京的故事，可以总结出四点：

○ **打破思维定式**

别总是用老一套的思维想问题。举个例子，假设你负责一个市场活动，别一上来就想着发传单、搞促销这些常规操作。试试换个角度，比如，结合社交媒体搞个线上互动，或者搞场主题派对吸引目标人群。总之，多想想那些别人没想到的点子，让你的创意脱颖而出。

○ **细心观察**

平时工作、生活中，多留意身边的人和事，尤其是那些看似微不足道的小细节。比如，你发现同事们午休时都喜欢聚在一起聊天，那就可以考虑组织个午间分享会，让大家交流工作心得。这样的小发现，往往能引发大创意。

○ **跨界交流**

别老闷在自己的小圈子里，多跟不同领域、不同行业的人聊聊。你会发现，他们的思维方式和经验能给你带来全新的启发。比如，你可以参加些行业交流会、研讨会，或者加入些跨行业的社群，拓宽自己的视野和认知。

○ **勇于实践**

勇于实践是提升创新力的关键一步。有了想法，别光停留在脑海里，得敢于去尝试、去实践。当然，实践过程中难免会遇到挫折和失败，别灰心，要敢于面对、勇于改进。每次实践都是一次学习的机会，你会从中收获很多宝贵的经验和教训。

很多人都知道瑞幸咖啡，看起来瑞幸咖啡可能像是一个传统的咖啡连锁店，但实际上却并非如此。

我了解到，瑞幸咖啡总部员工一半都是搞 IT 的，这家公司在很大程度上利用新技术来提升其运营效率，提供优质的服务，并创新业务模式。

通过数字化，瑞幸能够精准地分析消费者的购买行为、口味偏好，从而为他们提供更加个性化的产品和服务。此外，瑞幸还利用大数据和 AI 技术优化其供应链管理、库存管理以及店铺运营，这都是传统咖啡店难以做到的。

其次，瑞幸咖啡通过构建线上平台和移动应用程序，实现了线上线下的无缝对接，为消费者提供了便捷的购买体验。这不仅提升了消费者的满意度，也增加了消费者的黏性。

瑞幸咖啡的成功表明，无论在哪个行业，只要能够结合新兴的生产力、业态、技术和模式，就有可能创造出全新的商业模式，并在竞争中脱颖而出。无论处于什么行业，我们都应该保持对新技术、新业态的敏感度，并努力探索如何将这些元素融入自己的业务中。

拥有创新的思维很重要，女性往往要兼顾家庭和工作的更多责任，通过优化工作流程、利用科技工具以及合理规划时间等高效创新方法，女性可以在有限的时间内完成更多的工作，从而减轻压力，为家庭和个人生活留出更多的时间。**用新方法去解决旧问题，工作和生活不再需要二选一，而是可以二者兼得。**

家庭，是温暖的港湾，是爱的归宿；事业，是实现自我价值，追求梦想的平台。两者同等重要，缺一不可。

本 节 练 习

使用"假如"自我提问，帮助你挑战原有的思维定式，像孩子一般充满好奇，想象着你已经拥有了它们。

假如我获得了意外的巨额奖金，我会如何分配这笔资金？是用于旅行、投资、捐赠，还是用于实现其他长久以来的梦想？（能够帮助你重新审视自己的价值观和人生目标）

假如我突然失去工作，我会如何应对这一突如其来的变化？是寻找新的工作机会，还是利用这段时间进行自我提升和学习？（让你提前为潜在的风险做好准备，并培养应对变化的能力）

假如我成了老板，我会如何管理公司？我会带领团队实现什么长远目标？（帮助你换位思考，并且思忖更长远的愿景）

假如我获得了永生，我将如何度过无尽的时间？是继续追求现有的目标和兴趣，还是寻找新的意义和使命？（让你重新评估生活的意义和价值，以及对时间和生命的看法）

假如我回到了童年，我会如何重新度过那段时光？是弥补过去的遗憾，还是尝试不同的选择和经历？（让你回顾自己的成长历程，并从中汲取智慧和启示）

假如我拥有一台时光机，我是会选择回到哪个历史时期，还是想要去到未来的哪一年？我会做什么来改变或观察那个时代？（拉长时间系统深度思考自己的发展）

假如我能够瞬间学会任何一项技能，我会选择学习什么技能？这项技能将如何改变我的生活和工作？（能够激发你对个人发展和成长的兴趣，以及探索新领域的勇气）

假如我获得了一次与历史上的伟大人物对话的机会，我会选择与哪位人物对话？我会提出什么问题？（可以帮助你更好地理解历史上的伟大人物，感受榜样的力量）

假如我拥有超能力，我会选择哪种超能力？我会如何使用它来造福社会或改变世界？（能够激发你的创造力和想象力，思考如何运用力量来解决问题和推动进步）

假如我突然成了一位名人，我会如何应对公众的关注？我会如何利用我的名声来推动公益事业或传递正能量？（能够帮助你理解名人的责任和挑战，并思考如何以积极的方式影响他人）

这些例子能够帮助你通过想象不同情境来挑战自己的思维定式。

记住，不必过分纠结于它们的真实性，但要有信心，"已经拥有它"的这种不朽的信心，正是你最大的力量。这种思考方式能够激发你的创造力和思考能力，拓宽你的思维视野。

第四章

转型与超越：新时代女性的全局智慧

第一节 观局：洞察新时代女性的全方位视野

"人生如戏，舞台无限，我们既是编剧又是主演，要成为自己生活里的大女主。"

一、人生角色阶段

演好不同阶段的主要角色。

时不时有女性朋友来找我吐槽：白老师，其实我现在工作还可以，生活没有什么压力，但就是感觉心里空落落的，提不起劲。和老公没什么话聊，孩子到了叛逆期也不听话，不知道哪里出了问题……

我经常会在直播和课程中分享女性生涯的理念：工作只是我们生活的一部分，不是全部。**钱赚得多，不代表就一定会幸福。**我们还得看家庭关系怎么样，和孩子的沟通顺不顺畅，自己的内心是否平静满足。幸福不是单一的，是由很多方面组成的。

所以，想要提高幸福感，得从各个方面去考虑，只看工作和收入是不够的。

人生就像一幕大剧，我们每个女性都在里面演着不同的角色，过着不同的生活，如图 4-1 所示。从人生发展的角度看，大概可以分成五个：工作前、工作后、结婚后、做妈妈后、退休后。每个阶段都有不同的挑战和机会，我们得灵活应对，人生这场戏才能演好，喜剧还是悲剧，皆由我们自己来决定。

图 4-1　人生发展不同阶段

步入社会之前，我们的角色相对简单，主要扮演学生和子女的角色。然而，一旦踏入工作岗位，我们便新增了一个重要的角色——工作者。于是，我们成了学习者、工作者以及子女，三重角色交织在一起，构成了我们早年的生活图景。

随着时间的推移，当我们步入婚姻的殿堂时，我们的角色再次发生了变化。除了学习者、工作者和子女的身份外，我们又多了一个新的角色——别人的配偶。这样，我们的生活中便有了四种主要的角色需要去平衡和担当。

而当我们迎来新生命，成为母亲时，我们的角色数量达到了一个巅峰状态。此时，我们不仅是别人的父母、子女和配偶，还是工作者和学习者。甚至，我们还可能扮演着朋友、闺蜜、合伙人等多重角色。这个阶段，我们身上的责任和压力达到了顶峰，时间和精力都显得捉襟见肘。困惑、纠结和焦虑成为我们生活中的常态，但这是非常正常的现象，因为我们正在尝试着平衡和处理好所有的角色。

退休之后，我们的生活再次发生翻天覆地的变化。工作者的角色逐渐淡出我们的生活，我们可能只是偶尔从事一些自己感兴趣的事情。随着时间的推移，当我们步入七八十岁的高龄时，我们的父母可能已经离开了这个世界，我们的角色便只剩下了母亲和配偶两种。到了这个阶段，我们就可以享受天伦之乐，感受岁月静好了。

在这些人生阶段的空间范围中，还有四种重要的因素始终伴随着我们：原生家庭、自我情绪、职业发展和婚姻感情，影响着我们的整体幸福指数，如图4-2所示。

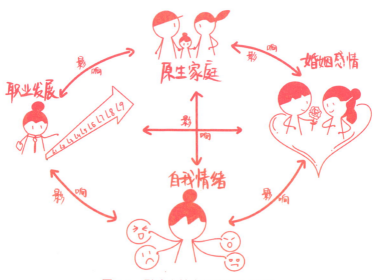

图4-2 影响女性幸福的四大因素

自我情绪很好理解，我们每个人出生时就有喜怒哀乐，情绪会伴随着我们走过人生的每一个阶段。它们都是我们内心世界的真实写照。情绪可以激发我们的动力，影响我们的决策，甚至改变我们的生理状态。因此，学会识别、表达和管理情绪对于个人的心理健康和社会功能至关重要。

　　原生家庭对我们的影响是深远的，我们的成长环境以及养育者的教育方式，都对我们的人生产生了重要的影响。它不仅塑造了我们的性格和行为习惯，还通过家庭氛围、教育方式以及沟通方式等方面，潜移默化地影响了我们的心理健康、价值观念、人生观和未来社会经济状况，是我们人生成长轨迹中不可或缺的重要部分。

　　职业发展则是我们实现自我价值和社会价值的重要途径，也是我们获取财富的主要来源。除了获取财富之外，职业发展中，我们可以与不同的人交流、合作，共同解决问题，这种互动不仅能够丰富我们的人生经验，还能够增强我们的社交能力和团队协作能力。

　　婚姻感情则是我们人生中的另一个重要领域，无论是选择单身还是步入婚姻，都会对我们的生活产生深远的影响。对于选择步入婚姻的女性来说，她们将面临如何维持和经营一段长期亲密关系的挑战，这需要双方的理解、信任和持续的沟通。而对于选择单身的女性来说，她们可能更加注重个人的独立和自由，同时也需要构建和维护自己的社交网络来满足情感和社交的需求。

　　这四种因素之间存在着复杂的相互联系。原生家庭影响着我们的婚姻选择和工作选择，进而影响着我们的自我情绪状态。而自我情绪状态又会反过来影响我们的婚姻感情状态和职业发展状态。这样一个循环往复的过程构成了我们人生的重要组成部分。

因此，我们需要努力让这四个因素形成正循环的关系。通过改善自我情绪状态、优化婚姻家庭关系、提升职业发展能力以及正视原生家庭的影响，我们可以让自己的生活更加幸福和美满。同时，我们也可以为孩子营造一个更加健康、积极和温暖的原生家庭环境，让他们在成长的过程中得到更多的赋能和帮助。

最后，让我们来看看人生的梦想和愿景。从出生的那一刻起，我们就带着梦想来到这个世界。这个梦想一直存在于我们的脑海中，不断浮现、成长和优化。它就像一颗种子，在我们的心中生根发芽，慢慢长成一棵参天大树，枝繁叶茂。梦想会不断升级，无论我们处在人生的哪个阶段，都需要不断追寻自己的梦想和愿景，让它们成为我们前进的动力和指引。

人生，既不是纯粹的喜剧也不是单一的悲剧。它就是一部五味杂陈的大戏，里面有喜有悲，有起有落。**每个人都是自己人生的主角，经历的事情构成一部自己的电影。**

你如果希望你的人生成为你主演的大女主成长剧，那就要让自己在生活里不断变强、变好，能面对困难，能历经风雨，最后成为一个很厉害的女性。

二、生涯发展阶段

从"温饱""小康"，再到"富足"

经常会有朋友找我做咨询：

"全职在家里 3 年,宝宝现在上幼儿园了,想出去找一份工作,但是又不知道能做什么?"

"想要创业又不希望减少陪孩子的时间,这种时候事业和家庭如何两全?"

"在国企待了十几年,孩子也上中学了,想要做一点自己喜欢的事情,什么副业适合我呢?"

面对这些困惑,就好比在大雾天站在了一个没有指示牌的十字路口,看不清前后左右的方向,她们也不知道应该往哪边走。

这时候看清楚自己所处的位置和周边的情况就很重要了,对于我们的职业发展而言,在跨出下一步之前,先"判断你的人生处于什么阶段",分清现状和形势,非常重要。

针对女性的特点,我把职业生涯分为四个阶段:生存期、发展期、平衡期、自我实现期,如图 4-3 所示。

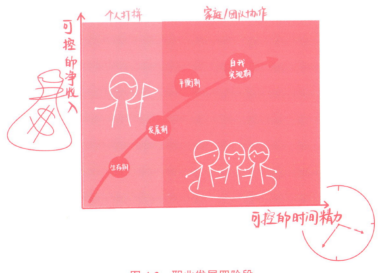

图 4-3 职业发展四阶段

判断这四个阶段有**两个关键维度**：可控的净收入和可控的时间精力。

简单来说可控的净收入，就是每个月总收入减去总支出的净值。可控净收入越高，代表着你的经济状况越好。比如，一个月同样挣 10000 块钱，如果日常开销需要 5000 块钱，那净收入就是 5000 块；如果日常开销需要 8000 块钱，那净收入就只有 2000 块。

可控的时间精力指的是你可以自己支配的时间，比如，如果每天除了 8 小时上班之外的时间都是可以自己安排的，那么，大多数职场妈妈都能完成好工作的同时照顾家庭。

另外还有两个**重要的参考指标**：个人打拼和家庭或者团队协助。这两个指标代表你的工作生活状态，是孤军奋战还是团队作战。

通过两个关键维度+两个参考指标，就可以大致判断出你现在处于哪个生涯阶段——是生存期还是发展期？是平衡期还是自我实现期？这是一种非常适合女性的分析方法。我把它称为"**女性生涯四要素分析法**"。

○ **生存期的表现**

可控的净收入比较低，甚至可能是月光或者"负婆"，可能刚刚越过"温饱线"，你的工作生活时间也不能完全自己掌控，而且很大可能是得不到其他人的帮助，比如，我遇到过一些单亲妈妈，她们就在经历这样的阶段。

○ **发展期的表现**

你的可控净收入逐渐升高，工作收入比较稳定，每个月都会有盈余和存款，工作上也比较得心应手，完成效率也更高了。因为升职的原因，也许你的工作还有团队小伙伴可以帮忙。

○ **平衡期的表现**

不管是个人还是家庭的财务状况都是比较良好的，也许你还在考虑怎么理财。但是因为哺乳等原因，你可能需要放弃出差；因为孩子生病，你可能需要请假照顾孩子。

对职业的选择除了考虑行业、能力因素，你会拓展到其他维度：是否有时间照顾家庭成员，自己身体状况是否允许，生活情趣是否能够满足，有没有时间陪孩子上兴趣班，放假能不能带孩子出国旅游，等等。

这时候，你可能要抱怨：要保证业绩，要管理团队，白天要开会见客户，晚上还要陪孩子，恨不得把一天时间掰成两天过，精力不够用！大部分从事管理工作的职场妈妈都会在这个阶段里纠结。

○ **自我实现期的表现**

家庭、事业储备都充足，外在成就感再也驱动不了你，手头也拿到了足够多的人脉资源，你开始想做点有意思的事。比如，等宝宝上了幼儿园、小学、大学之后，自己的时间更充裕一些，很多的女性就想开始做点自己感兴趣的工作，甚至想自己创业。

自我实现期最大的特征是：**我们的事业变成自我实现的一种方式。我们不甘心做一个平凡的女性，而是希望事业也要有下一个春天。**

莹莹，全职 3 年，老公经营着一家年收入上亿的公司，家里有煮饭阿姨还有育儿嫂，做家务带孩子她都不用操心，老公也特别疼她，为她和孩子都建立了保障基金。对她的唯一期待就是"做点自己喜欢的事情，能够多陪陪儿子就好"。

莹莹全职之前是做线下实体店销售的，在家里觉得自己太闲了，很想出来找一份工作。她对自己的要求是：要做点有价值有意思的事，不能把自己荒废了。莹莹可控的净收入和时间都是非常充足的，家庭资源富足，不是孤军奋战，所以她不在生存期。即便要重返职场也不是找一份朝九晚五的月薪3000块钱的工作，而是能够学一些有趣有意义的东西，让自己不落伍，不失去价值，让家庭更稳定，更幸福。莹莹花了一年多的时间学习新媒体营销，每天输出一篇2000字的公众号文章，专门帮助线下实体店做线上拓客方案，成效显著。莹莹的目标是：成功服务100个客户，成为一名中小企业营销专家。

三、职业能力发展阶段

按照从低到高，我们的职业能力可分为四个阶段：青铜、白银、黄金、钻石，如图4-4所示。

第一阶段（青铜）：一般都是团队的基层员工。

1. 特点

○ 新手摸索。刚入职场，或者转型到了一个新的环境，对业务、团队环境还在摸索中。

○ 高度依赖指导。经常需要前辈的指导和帮助，自己不能完全上手。

○ 承担基础任务。主要处理一些简单、重复的工作。

图 4-4 职业能力发展阶段

2. 提升策略

○ 多问多做。不要害怕提问，主动向前辈请教，并多实践，积累经验。

○ 记录与总结。每次完成任务后，记录自己的心得和总结，以便日后参考。

○ 利用碎片时间学习。如午休、下班后，利用在线资源或专业书籍进行快速学习。

第二阶段（白银）：工作一段时间后，能力已经得到了赏识认可，能够独当一面。

1. 特点

○ 技能进阶。在某一领域或技能上有了明显的提升。

○ 开始独立工作。能够独立完成较为复杂的任务。

○ 渴望更多挑战。不满足于现状，希望承担更多责任。

2. 提升策略

○ 主动承担项目。寻找机会，主动承担一些小型项目，锻炼自己的综合能力，考虑成为专家还是提升管理能力。

○ 参加专业培训。针对自己的短板，选择相关培训进行提升；找到自己的长板，花时间精进，让长板更长。

○ 建立人脉圈。与同行业的专业人士建立联系，交流经验，获取更多信息。

第三阶段（黄金）：团队负责人，部门经理或者总监级别，需要明确发展方向。

1. 特点

○ 专业能力突出。在某一领域或技能上达到较高水平。

○ 管理或协作。已经开始带领团队或与其他部门紧密合作。

○ 思考长远规划。开始考虑自己的第二条职业发展路径。

2. 提升策略

○ 明确职业目标。制定短期和长期的职业发展规划，明确自己的发展方向。

○ 提升沟通与协作能力。参加团队建设活动，学习如何更好地与团队成员沟通协作。

○ 执行战略决策。了解公司的战略方向，思考如何将自己的工作与之结合。

第四阶段（钻石）：公司高层、合伙人、独立创业者，能够制定战略决策。

1. 特点

○ 战略眼光敏锐。能够洞察行业趋势,为公司制定长远战略。

○ 决策果断。关键时刻能够迅速做出决策。

○ 领导力强大。能够带领团队应对各种挑战。

2. 提升策略

○ 定期行业分析。定期收集和分析行业报告,了解市场动态和竞争态势。

○ 参与高层决策。主动参与公司的战略规划和决策过程,提出自己的见解。

○ 培养接班人。在公司内部寻找和培养潜力人才,为公司的长远发展储备力量。

上面四个职业能力发展阶段循序渐进,每个阶段都不是可以随便跳级的,都需要耐心和坚持,只有不断学习和成长,才能在职场中取得更好的成绩。

本 节 练 习

判断你现在所处的阶段,写一下自己的应对策略。

阶段分类		选择打"√"	应对策略
人生角色阶段	工作前		
	工作后		
	结婚后		
	做妈妈后		
	退休后		

(续)

阶段分类		选择打"√"	应对策略
生涯发展阶段	生存期		
	发展期		
	平衡期		
	自我实现期		
职业能力发展阶段	青铜		
	白银		
	黄金		
	钻石		

第二节　锚定：重新定义人生，实现内外幸福平衡

"职业定位犹如航海中的指南针，引领我们在浩瀚的人生海洋中清晰方向，助力我们实现自我价值。"

以前，我们父母那一辈，都特别看重稳定的工作，要进国企、事业单位，可以稳定地干一辈子，退休了还有保障。那时候，大家都希望孩子能找个钱多、事少、离家更近的工作，觉得那样的工作就是"铁饭碗"。

可是，到了80后、90后、00后这几代人，情况就大不一样了。现在社会变化快，很多工作都不再那么稳定。我们这一代人，更看重的是工作能不能让我们学到东西、有发展，而不仅仅是稳定。我们这代人愿意尝试不同的工作，找到更适合自

己的发展方向。

所以说，时代在变，我们的想法也在变。稳定的工作当然好，但更重要的还是要找到适合自己的路，让自己不断成长、不断进步。

一、职业发展模型：个人和职业的匹配关系

幸福是永恒的话题，你现在觉得工作幸福吗？幸福指数如果满分10分，你能够打多少分？

生涯规划工具（Career Development Model，简称CD模型）职业发展模型，是职业生涯规划专家古典老师基于明尼苏达工作适应论（Person-Environment Fit Theory）之上所开发的职业生涯诊断工具，如图4-5所示。

图4-5　职业发展模型

CD 模型的核心在于价值交换，它强调个人与职业之间的匹配度和满意度，图片左边部分代表自我（个人），右边代表职业。它包含两条线：图片上方的成功线和下方的幸福线。成功线指的是组织对我们的个人能力满意，幸福线指的是职业给到的回馈能满足我们的个人需求。

首先，我们要评估个人的能力，包括知识、技能和才干。这些能力，是否与目标职业的要求相匹配，是判断组织满意度也是判断成功线的关键。如果个人能力不足以满足职业要求，那么就需要考虑提升能力或者寻找更适合的职业方向。

举个例子，公司招聘了一个月薪 2 万块钱的产品经理，这意味着公司对其抱有高期望，期待他能够带来卓越的产品设计和创新思路。然而，如果一个月过去了，这位产品经理连新产品的设计思路 demo 都没有呈现，那么老板自然会对他的能力产生怀疑。

其次，我们要关注个人的需求，包括价值观、兴趣和个人目标。个人需求是否能够从职业中得到满足，是判断个人满意度即幸福线的重要因素。如果职业回馈无法满足个人需求，那么就需要重新思考职业选择或者调整个人期望。

比如，一个家居设计师，需要面临 996 的工作制度，周末也只能单休，每天都有做不完的订单，还要经常熬夜。但一个月下来只能拿到几千块钱的收入，那么对于这位设计师来说，这个职业可能就无法满足她的个人需求。如果她能力足够，跳槽或者单干就不可避免了。

通过 CD 模型的分析，我们可以发现职业发展可能存在的问题：

1）职业匹配度不高：这可能是由于个人能力不足以满足职业要求，或者个人需求与职业回馈不匹配。解决这一问题的方法可以是提升个人能力或者寻找更适合自己专业、兴趣的方向。

2）个人满意度不足：即使职业匹配度高，但如果个人从职业中获得的回馈无法满足其需求，也会导致不满。这时，可能需要调整个人期望或者寻找更多元化的职业回馈方式。

举几个我们可以经常使用 CD 模型的场景：

○ **找工作或跳槽时**

当你想要换工作或不确定是否要跳槽时，CD 模型可以帮你判断这份工作是否适合你。它会告诉你，你的能力和特长是不是这份工作所需要的，这份工作能不能满足你的需求和期望。

○ **制定职业目标**

如果你对自己的未来职业方向感到迷茫，CD 模型可以帮你厘清思路。通过它，你可以了解自己在哪些方面有优势，哪些方面还需要提升，从而设定一个更符合自身条件的职业目标。

○ **提升个人竞争力**

职场人可能会遇到职业发展的瓶颈，如晋升困难、技能过时等。如果你想在职场上更有竞争力，CD 模型也能帮到你。通过它，你可以分析自己在当前职业中的能力水平，以及是否满足了行业和公司的要求。找到你比较薄弱的方面，找出自己的差距，可以根据这些分析结果去学习新技能、参加培训，让自己的能力更全面。

○ **解决工作不满的问题**

如果你对现在的工作感到不满意，但又不知道原因在哪里，CD 模型可以帮你找到答案。它可能告诉你，是你的期望过高了，或者是这份工作确实不符合你的需求，然后你可以据此调整自己的期望或者寻找新的工作机会。

简单来说，CD 模型也像指南针，帮助你在职业发展的道路上找到正确的方向，避免走弯路。它让你更了解自己的能力和需求，也能更好地了解职业的要求和回馈，从而做出更明智的职业决策。

判断职业幸福度的 CD 模型，是一个基于价值交换与匹配的机制，它的循环性和互动性对于实现长久的职业满足感至关重要。若这个模型仅停留在单向的、非循环的状态，那么匹配度与幸福感将难以持久，这样的工作往往难以长久维持。

再举例，假设一个人刚工作时热情满满，在工作中表现得游刃有余，无论是老板、同事还是客户都对其赞誉有加，然而，这份工作仅能提供 3000 块钱的月薪，却伴随着频繁的加班，那么即使初期的激情再高涨，很可能不到半年，他就会萌生跳槽的念头。因为在这份工作中，个人的能力与贡献并未得到应有的回报，CD 模型中的价值交换失衡，导致职业幸福感难以维持。

反之，如果一个人凭借关系找到一份看似理想的工作，月收入丰厚，工作轻松且离家近，但他的能力不足以胜任这份工作，频繁出错，甚至需要同事为其承担后果，那么这份工作也难以长久。因为，尽管这份工作表面上看起来条件优越，但由于个人能力与岗位要求不匹配，导致工作难以顺利进行，同事可能会觉得你是一个负担，领导则可能会对你的工作态度和能力产生怀疑，不再给你更多锻炼和晋升的机会，职业幸福感同样难以实现。

因此，CD 模型强调的不仅是能力与岗位的匹配，更是价值交换的动态平衡。只有当个人的能力与贡献得到应有的回报，同时岗位的要求与个人的能力相匹配时，才能实现真正的职业幸福。

我们可以去看一下自己的职业幸福度，看一下自己的成功线和幸福线。我们可以默默地在心中对自己的成功线和幸福线分别打个分，满分是 10 分，你能打几分？

二、自我真正的需求：认识自己是高阶智慧

"认识你自己"，这五个字虽然简单，却蕴含着无尽的智慧。古希腊神话中，阿波罗神庙的门楣上镌刻着这句箴言，它提醒我们时常审视自己的内心。

为什么这句箴言能够穿越千年，依旧闪耀着智慧的光芒呢？因为它告诉我们一个真理：**认识自己是通往幸福的关键**。当我们能够清晰地看见自己的优点和不足，用全面而发展的眼光看待自己时，我们就能在人生的道路上更加从容地前行。

然而，认识自己并不是一件容易的事。

哲学家苏格拉底所说："我除了知道自己无知这个事实之

外，一无所知。"这并不是圣人谦虚，而是他对自我认知的一种深刻认识。

另一位哲学家尼采也曾感慨："离每个人最远的，其实就是他自己。"我们的心灵和身体之间似乎总隔着一层迷雾，让我们难以真正看清自己。

幸运的是，积极心理学为我们提供了一种全新的视角。它告诉我们，**不要等到觉得自己心理出问题了才去寻求治疗，而是在健康的时候就去积极地认识自己，享受人生。**我们应该关注那些可以改变的因素，接受那些无法改变的事实，然后用心去感受生活的美好。

那么，作为新时代的女性，我们如何才能真正认识自己呢？

首先，我们需要从积极的视角去感悟生活，看到生活中点点滴滴的美好。我们要明白，思维方式是影响我们幸福的最主要因素。正如那句谚语所说："思维决定命运。"

我们的思想、格局和行动方式共同塑造了我们的人生轨迹。然而，我们的思维方式并非完全由我们自己掌控。原生家庭、教育环境、社会环境、文化习俗等因素都会对我们的思维模式产生影响。

比如，在不同的文化背景下，人们对于美、丑、善、恶等价值的判断标准可能会有所不同，这种不同的价值观念会影响我们对事物的看法和态度。

我曾经去建川博物馆参观，馆中关于三寸金莲的展览令人震撼，它揭示了一段充满痛苦和压迫的历史。

缠足，也叫"裹小脚"，让女性的双脚在五六岁时就开始遭受束缚，逐渐变形，直至成为所谓的"三寸金莲"。这种小脚只有 10 厘米长。可以想象，这样的双脚对于行走来说是多么不便，不能长久站立行走，更不可能奔跑，对人几乎是一种折磨。

古代人认为，通过缠足使女人行动不便，她们就无法走远或与人私奔，从而能够乖乖待在家中，相夫教子、传宗接代。

这种畸形的审美观念和社会束缚已经随着时代的进步被摒弃。现在更看重女性的权利，尊重她们的选择，而不再用那些老旧、畸形的审美标准来限制她们。女性现在可以在各个领域展现自己的才华，追求自己的梦想，我们社会也更加倡导男女平等和自由。

社会环境、文化习俗、原生家庭、遗传、教育和经验这些因素占据影响了我们思维模式的 60%，它们往往是难以改变的。但请不要灰心，我们仍然有大约 40% 的空间和机会通过后天努力来改变和塑造自己的思维模式。怎么做呢？

○ **多学习新知识**

读书、上网课或者和朋友交流，都能让我们了解到新的想法和看法，慢慢地，我们的思维方式就会有所变化。

○ **多想想自己的思考方式**

有时候，停下来想想自己为什么会这么想，也是很重要的。这样，我们就能更清楚地了解自己的思维方式，然后试着去改进它。

○ **听听别人的意见**

和朋友聊天，听听他们是怎么想的，特别是当他们和我们的想法不一样的时候。这样也能帮我们打破原有的思维方式，想得更开阔。

○ **尝试新的思考方式**

知道了新的思考方式后，就要在生活中多试试，用新的方式去想问题。慢慢地，这种新的思考方式就会变成我们的习惯。

通过不断地提升自己，我们可以拓宽视野，增强智慧，从而改变我们的思维方式。这就是为什么我们要多学习、多看书、听课、看新闻、多和人交流的原因。

我们经常会听到一句话：你已经长大了，应该成熟了，不要还像小孩子那么幼稚。

到底什么才是真正的成熟？

在我自己近 30 年的懵懂 - 迷茫 - 清醒 - 笃定的历练过程中，做女性生涯之后，观察并理解了上千名不同女性的人生故事案例，我有了新的觉察和总结：**女人真正成熟的那一天，是从知道自己想要什么，并且为自己的选择去负责开始的，与年龄无关。**

当女人明确了自己真正想要的东西，她的思想、行为和态度都会有一个质的提升，这种提升就是成熟的体现。每个人的成熟之路都是独特的，但背后都遵循着相似的原则：自我认知、目标设定、承担责任以及自主行动。它提醒我们，**真正的成熟不是由年龄来定义的，而是由我们内心的成长和觉醒来决定的。**

○ **自我认知**

女人成熟的标志是她开始深入了解自己的兴趣爱好、能力、需求、愿望和价值观，明白自己在生活中追求的是什么，不再随波逐流，能根据自己的内心指引来做出选择。

○ **目标设定**

成熟的女人会更加自主地做出决定，不再过分依赖他人。我们知道自己的需求和目标，因此能够更自信地面对生活中的各种挑战。这些目标可以是长期的，也可以是短期的，它们为个人提供了行动的焦点和目的。

○ **承担责任**

明确自己的需求也意味着要承担相应的责任。成熟的女人会为自己的选择负责，勇敢地面对生活中的起伏和变化。不仅包括对自己的责任，也包括对他人和社会的责任。一个成熟的女人会意识到自己的行为会影响到他人，并愿意承担相应的责任。

○ **自主行动**

成熟的女人具备独立思考和行动的能力，她们能够根据自己的判断和价值观采取行动。面对困难和挑战时，能够积极寻找解决问题的方法，而不是被动地等待他人的帮助或指导。

认清楚自己在意的是什么，实际上这代表着你知道自己的价值观是什么，而明确自我价值观说明你的成熟度又上了一个新的台阶。

价值观是指一个人或群体对事物价值的总的看法和根本观点，它决定着个体或群体的价值取向和追求，影响着人们的行为选择、判断标准和生活方式。价值观是人们在长期的社会实践中形成的，具有稳定性和持久性，随着社会环境和个人经历的变化，价值观也可能发生一定的调整和变化。

价值观对我们工作和生活有什么影响呢？

首先，来说说价值观如何影响我们的工作选择。如果你觉得创新很重要，你可能就会找个需要不断创新的工作，比如设计师或者创业者。这样的工作会让你觉得每天都有新的挑战，很带劲！但如果你不喜欢挑战，那你可能会选个稳定点的工作，比如公务员或者老师，这样每天都能按部就班，心里踏实。

再说说价值观如何影响我们的消费行为。如果你很注重环保，那你买东西的时候可能就会挑那些用环保材料做的，或者支持那些做公益的品牌。但如果你更看重面子和品牌，那你可能就会选那些看起来很酷很贵的东西，觉得这样会更有面子。

甚至交朋友也受价值观的影响。如果你很真诚、尊重别人，那你就会跟这样的人玩得好，大家都能坦诚相待，相处起来很舒服。但如果你更看重自己的利益，那你可能就会跟那些能给你带来好处的人走得近，这样的关系可能就不那么单纯了。

最后，你关注的社会问题也会受价值观的影响。如果你关心社会公平和正义，那你可能就会关注那些帮助弱势群体的活动，或者参加一些公益项目。但如果你更关心怎么赚钱或者怎么过得更好，那你可能就不太关心这些，或者持一种比较保守的态度。

价值观就像是我们内心的指南针，它告诉我们什么是对我们重要的，应该怎么去做。每个人的价值观都不一样，所以每个人的生活方式和选择也不一样。重要的是要搞清楚自己的价值观，然后按照它去生活，这样我们才能过得更开心、更有意义。

当我们能够不假思索地回答下面这些问题的时候，你就开始清晰自己的价值观了，也更清楚自己的未来方向。

- 希望别人怎么评价你？
- 希望给别人带来什么影响？
- 想成为什么样的人？
- 你曾经的高光时刻？
- 你最在意什么？
- N年之后你是什么样的状态？
- 你崇拜谁，他有什么样的特征？
- 你在人生低谷的时候，渴求什么？
- 在重大决策中，是什么影响你做决定？
- 这件事为什么必须是你来做？
- 你想实现什么价值？
- 你更渴望什么？
- 生命的最后时刻，你如何定义人生（你的墓志铭）？

本 节 练 习

认识自己，并评估自己的职业生涯状态。

职业生涯状态表

分类	描述	满意度（1~10分）	打分原因或者意义	进一步探索
我目前的生涯状态	工作状态			
	我的计划			
	对不确定的接受			
	心态（开放性）			

（续）

分类	描述	满意度 （1~10 分）	打分原因或者意义	进一步探索
幸福来源影响（核心价值观）	爱与被爱			
	成就感			
	尊重包容			
	财富收入			
	自我提升			
	内在满足			
	人际关系			
	家庭平衡			
	工作环境			
	利他助人			
	社会贡献			
	自由度			
	其他（请填写）			
我愿意做出的改变	学习新知识			
	新的尝试			
	工作生活环境改变			
我愿意做出的努力	自我超越			
	坚持的动力			
	冒险精神			
	提升技能			
	寻找新机会			
	克服困难			
	努力的决心			

第三节　启动：高能量女性的五大转型策略

"世上本没有路，走的人多了，也便成了路。"——鲁迅

步入30岁的女性，往往面临着职业、家庭、社会等多重压力和挑战。这个年龄段的女性，通常已经积累了一定的工作经验，开始思考自己的职业发展方向，同时也面临着组建家庭、生儿育女的人生大事。这些压力和挑战使得转型成为一个不可避免的话题。

职业方面，30岁的女性可能需要重新评估自己的职业目标和发展路径。我们可能会考虑是继续在现有领域深耕，还是寻找新的职业机会，抑或是创业。

同时，许多女性在这个年龄段开始考虑结婚、生子。这可能会对我们的职业发展产生一定影响，需要我们在事业和家庭之间找到平衡。一些女性可能会选择暂时放下事业，专注于家庭；而另一些女性则努力在事业和家庭之间取得双赢。

为了应对这些挑战，30岁左右的女性需要积极寻求转型之路，去突破自己的事业发展瓶颈。

但是，转型并不是一件简单的事情，它需要我们有足够的勇气和决心去面对各种困难。

在我的职业生涯中，我也曾经历过多次转型。从最初的程序开发到项目管理，再到市场营销和对外合作拓展，每一次转型对我而言都是一次全新的尝试和挑战。同时，也让我更加清

晰地认识到自己的优势和兴趣所在，进而更加明确了自己的职业方向。

我很清楚自己不适合做纯技术，也不喜欢和机器打交道，我更喜欢和人面对面地交流，更喜欢接受新的挑战，这会让我充满成就感，干劲儿满满。生完孩子重返职场，再进入国企，又离开国企，后来又经历了两次创业，我的转型之路可以用两个字形容——折腾。

但是正是这些经历，让我积累了很多宝贵的经验和见识，更加坚定了自己的信念和目标，也让我更加珍惜自己所拥有的一切。现在回想起来，每一次转型都是一次人生的历练和成长，它们让我变得更加成熟、自信和坚强。

一、女性转型之路五部曲

我把女性转型之路概括为五个字：试、探、定、展、新，这不仅仅是一个简单的流程，更是女性自我探索与成长的轨迹，如图4-6所示。

○ **试＝尝试**

当我们站在人生的十字路口，面对转型的抉择时，首先要勇于尝试。30多岁，我们或许已经有了些许的人生积淀，对未来有了一些新的设想，可以选一个适合自己的方向开始去尝试。

○ **探＝探索**

这些设想是否真正适合自己，还需进一步的探索与验证。这可能需要几个月或者半年的时间，在一个方向上去试错，这个过程可能充满未知与困难,但只有通过实践,我们才能更准确地找到自己的定位。

图 4-6　女性转型之路五部曲

比如,我转型做女性生涯事业之前,用了半年的时间学习和了解行业,最终确认:这就是我想做的事情,它可以帮助到千千万万和我一样曾经在人生十字路口徘徊困惑的女性。

○ 定 = 确认定位

验证之后,便是确认与定心的阶段。一旦确定了自己的方向,就需要全心全意地投入,坚持不懈。这种投入不是短暂的,而是需要持续数年的时间和精力。在这个过程中,我们会逐渐看到自己的成长与变化,也会收获一些标志性的成果。

以我自己的经历为例:当我决定专注于女性生涯规划时,

我投入了大量的时间和精力去学习、实践。经过一年的努力，我已经在这个领域取得了一定的成绩，得到了很多人的认可和支持，有很多大学和企业找我讲课，也有越来越多的人找我做咨询，客户还帮我介绍新的客户。这使我更加坚定了自己的方向，也为未来的发展打下了坚实的基础。

○ 展＝展现成果

随着时间的推移，我的成果逐渐显现。第三年，我出版了自己的第一本书《活出精彩——妈妈的职业规划应该这样做》，这是对我过去努力的最好证明。

○ 新＝新一轮跃迁

现在，我已经成立了路路女性生涯学苑，与更多志同道合的人一起为女性生涯事业贡献力量，我们要一起做到八十岁，一起做到白发苍苍，把幸福生涯的理念传播给更多的女性，让更多女性成为自己的幸福人生规划师，点燃自己的梦想，也照亮更多的人。

回顾我的转型之路，我深深体会到试、探、定、展、新的重要性。只有勇于尝试、不断探索、坚定信念、持续投入，我们才能在新的人生阶段中获得更多的成长与收获。希望每一位女性都能找到自己的定位，勇敢地走出自己的转型之路。

未来十年，女性的职业天地将更加广阔。这里我为大家梳理了十个潜力巨大的方向，希望能为你的职业规划提供一些启示。

○ **健康与美容**。随着生活品质的提升，健康与变美成为大家的日常追求。瑜伽、养老咨询、营养健康、美妆护肤等领域都有着巨大的市场潜力。

○ **教育与培训**。教育与培训行业一直都是热门的职业选择，无论是语言培训、艺术教育，还是职业教育、家庭教育，甚至是成人教育、理财教育，都将持续受到追捧。

○ **电商与新媒体**。互联网营销、私域运营、直播等领域，为女性提供了众多展现自我、实现价值的舞台。

○ **食品行业**。民以食为天，健康的食品和饮料越来越受到大家的青睐。

○ **环保与可持续发展**。绿色、碳中和、新能源等领域，不仅有着广阔的市场前景，还能为我们的地球做出贡献。

○ **宠物行业**。随着宠物经济的兴起，宠物美容、寄养、食品等也迎来了春天。

○ **心理咨询与情感服务**。快节奏的生活中，心理健康越来越受到重视，心理咨询和情绪或情感服务也成了热门行业。

○ **艺术与创意产业**。艺术设计、文化创意、文化传播等领域，为女性提供了发挥创意的舞台。

○ **科技创新领域**。AI 运用、智能管理等领域，虽然男性可能更占优势，但女性同样可以展现出自己的才华。

○ **教练 +**。健身教练、职业发展教练、情绪教练、企业教练、理财教练等，适合想要轻创业的女性。

教练 +、培训、电商和社交媒体，是我正在做和准备要做的领域，也是路路学苑未来带着女性们轻创业的方向。

二、转型的五种方式

结合岗位和行业两个维度，我们可以将转型方式分为五种类型：转岗不转行、转行不转岗、转岗又转行、转型互联网+、转型教练+。每一种方式都有其独特的难度、优劣势、机会和挑战。

1. 转岗不转行：岗位新挑战，行业老熟人

难度系数：★★★

当你对所在行业了如指掌，但渴望尝试新的岗位角色时，这种方式尤为合适。比如，芳芳从保险公司的内勤，转型到了保险公司的经纪人，她的行业没有变，但是岗位变了，做的事情不一样了。她对行业的熟悉、人脉资源和客户群都是她的优势。然而，新岗位的知识和技能需要重新学习。这是一个拓展自己、可能向管理岗位跃迁的机会，但也要面对新岗位可能不适应或优势无法发挥的挑战。

转型期需要1到3个月，期间要不断更新知识、调整心态、发挥优势并建立新的人脉关系。

2. 转行不转岗：岗位老手，行业新兵

难度系数：★★★

这种方式适合那些热爱自己岗位但希望探索新行业的人。例如，一个房地产销售转型到金融行业做销售。你对销售岗位的工作方式了如指掌，但新行业的知识、产品和市场动态需要重新积累。这是一个进入更有发展前景行业的机会，但也要面对学习跟不上行业知识迭代速度的挑战。

转型期需要3个月到半年，期间要学习新行业知识、理解行业差异并扩大行业人脉网络。

3. 转岗又转行：全新领域，勇敢开拓者

难度系数：★★★★★

这是最具挑战性的转型方式，需要你在全新领域重新定位自己。

比如我的两次创业经历：我和先生一起创业的时候，从互联网行业到了酒店营销行业，从原先的产品开发、市场运营到管理公司的人力、财务和行政，行业变了，岗位也变了。

接着，我又开始再次创业做女性生涯规划，成立了路路学苑，开始涉足成人教育行业。生涯咨询、心理学、教练、新媒体……全部都是从零开始学习，咨询经验和时长从零开始积累，写文章也是从零积累，一开始非常煎熬，每天坚持日更文章，几乎没有经验优势，以前的知识也用不上。

所幸才干部分，曾经的行业经验、工作经验、管理经验、创新能力、沟通能力、演讲能力都是可以迁移过来的。更幸运的是，我找到了自己的使命和愿景，发挥我的天赋优势，我也相信它是一个非常有前景的方向。

最大的挑战是学习能力、精力不足，让我每天很焦虑。2017 年左右，我不断问自己："能做成功吗？我可以做到吗？失败了怎么办？"如果自己的动力和愿景不足，就很难坚持下去。

心里想着一定要做好这件事情，一件难而正确的事，排除万难我也要坚持下去。因为学习生涯帮助我找到了新的人生目标，解决了我的转型困惑，我自己就是受益者。

所以，我所做的事情，一定也能够解决那些 30 多岁和我

相似的寻找人生第二曲线和探索新方向的女性，对我来说这是一个最棒的契机，所以我下定决心要把女性生涯规划事业做一辈子。

这种转型方式，难度最大。可能需要很长时间，坚持一年能够见到一些成效，想要成功，需要花很多年去深耕和积累。如果自己坚持不了一年，这件事就可以放弃了。

一年之内是看不到太大的收益的，而坚持一年以上基本上就能够看到阶段性成果。我花了整整一年的时间，学习、上课、做咨询、做课程、日更写文章，又过了一年左右才开始慢慢稳定地变现。

2017年左右，每个月我就能稳定接到十几个收费的生涯咨询个案，也已经有大学和企业找我去合作讲课，我也在不断地写作输出，做自媒体积累势能，被多个平台邀请担任职场规划专家。

这种高难度的转型方式，需要先确认这的确是你真正的使命。一开始你会焦虑，会迷茫，这是很正常的，你要持续提高自己的能量状态，深度了解新的行业，重新定位自己，更新你的技能和知识，保持开放的学习态度，链接新的人脉圈，让自己去突破那些困难和卡点，带着愿景去坚持，不断创造阶段性的成果。

4. 转型互联网＋（AI+）：传统与新技术的碰撞与融合

难度系数：★★★★

随着互联网的快速发展，许多传统行业开始探索与互联网新应用的相结合。比如，民宿老板开拓新媒体宣传渠道，在短视频平台发布自己的民宿信息。

你对原来的行业很熟悉、有人脉和市场基础，但需要学习新技术、掌握互联网平台规则和运营方法。拥有了跟上时代步伐、满足客户消费升级需求的机会，但也要面对思维固化、无法适应新媒体挑战的风险。

转型期需要 3 到 6 个月，期间要了解新渠道规则、学习用各种互联网工具，学会查询分析数据，学习用 AI 新技术提升管理效率，学习新媒体技术并关注行业动态。

5. 转型教练+：专业与服务的完美结合

难度系数：★★★★

现在越来越多的知识女性选择转型为教练，将自己的专业能力与教练技巧相结合。路路学苑的一位合伙人——财富教练多啦，非常擅长做家庭及个人的财务分析和解决方案，帮客户省钱存钱，实现钱生钱。

财务规划是她的能力专长，她通过在路路学苑学习教练沟通能力，以挖掘客户的诉求，了解客户的需求，给客户更加适合的个性化的解决方案，提升客户的满意度，并且通过教练陪跑的方式长期服务客户。

这种方式结合了专业能力和人际沟通能力，为客户提供更深度的服务和支持。这是一个发挥专业能力、实现个人价值的机会，但也要面对教练能力需要从零开始学习、实战经验需要积累的挑战。

特别说一下，这个转型方式有一个优点：可以先从副业开始做尝试，教练+沟通方法不仅不会和本身的主业有冲突，相反，还会加持帮助到自己的主业。我认识的很多企业 HR 和高管，她们在学习教练技能后，将其有效应用于工作和管理团队中，不仅提升了自身的领导能力，也积累了宝贵的实践经验。同时，还能顺手接一些教练客户，通过实际操作来不断提升自己的专业水平。随着经验的积累和影响力的扩大，副业逐渐转变为主业，实现了成功的职业转型。

这种转型期至少需要三个月到一年的时间，期间要系统学习教练知识、积累实战经验并逐渐实现个人商业变现。

本节练习

用一句话设计自己的转型路径：我希望自己通过××（五种之一）的转型方式，成为一名××，准备用××的时间完成。把它写出来。

举个例子：

身为企业 HR 高管的莫莫老师准备用转型教练+的方式，成为一名女性高管创业教练，计划花两年的时间去积累 500 小时教练时长，并实现副业商业化。

第四节 加速：发掘并整合你的隐藏资源

"我们每个人心中都有一座无价的金矿，只要愿意开采，就能发掘出无尽的财富。"——拿破仑·希尔

小玲第一次和我沟通的时候很迷茫："白老师，我是一位全职 6 年的宝妈，听你直播的时候提到'女性要活出自己

想要的人生',我现在很迷茫,想再工作,但是不知道做什么工作。

我耐心地询问了她的过往工作经历和专业情况,得知在做全职妈妈之前,她曾经是某知名房地产企业的平面设计师。孩子出生后,为了全心全意照顾孩子辞了职,空闲时间跟着小区里两个妈妈做团购,偶尔也接一些课程介绍海报的设计工作。

我让小玲把她近期设计的一些作品发给我看看,结果超出了我的意料。小玲的设计充满创意、色彩鲜明、产品亮点介绍提炼也很到位。只要允许她自由发挥创意,她总是能够交出令人惊艳的作品。

我对小玲说:"你是一个很有创意的设计师呀,除了独特的审美,还很有营销思维,这就是你的优势资源!"

小玲非常开心:"哇!感谢白老师的认可,我一直以为辞职了几年,以后只能在家里卖点货了,您这么说我又有信心再把设计做好了!"

沟通咨询之后,小玲放弃团购卖货,再次聚焦设计领域。

一次,她主动请缨,负责了一位知名老师的产品发布会海报设计。她充分发挥了自己的创意和营销思维优势,设计出了令人耳目一新的产品营销海报,赢得了一致的好评,顺利成为这位知名老师的"御用设计师"。

如今,小玲更加明确了自己的优势所在。重新定位自己为:视觉营销师,服务于更多的创业者和知识IP。未来,她希望帮助更多和自己经历类似的女性设计师,助力她们成长,并顺利实现个人商业化。

你看，清晰自己的资源和优势是多么重要，如果再明确了自己的使命和目标，你的事业不会被眼前的瓶颈束缚，你会看到更广阔的世界，站上更大的舞台。

那么如何发现你身边"隐藏"的更多优势资源呢？高能资源金字塔：十层资源盘点工具可以帮到你，如图4-7所示。

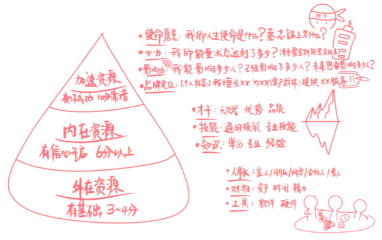

图4-7 高能资源金字塔

按照从低到高的顺序，资源可分为三个层次，依次为：外在资源、内在资源、加速资源，这三个资源层次对我们的影响越来越强。

外在资源是基础。盘点清楚自己的外在资源可以为我们的成功打下基础分3~4分。外在资源包括人脉、财物、工具等。

内在资源能让我们更有信心。如果把属于我们自己的优势能力盘点清楚，并非常有把握，那么开启理想事业的信心已经可以达到 6 分以上了。内在资源包括知识、技能、才干等。

加速资源助力你走向成功。有了这些高阶资源的加持,你的影响力会更大,能量会源源不断,你会更有可能成为一个有价值的,对社会发展有益的厉害的人。加速资源包括品牌定位、影响力、心力、使命愿景等。

一、不可或缺的基础——外在资源

外在资源指的是外在周边的资源,包括你经常接触到的、用到的、不可缺少的人脉、财物、工具等。

1. 人脉

人脉包括家人、朋友、同学、合伙人、贵人等。

首先,你的家人是你最原始也是最重要的人脉,他们始终支持你,无论你遇到什么问题,他们都会尽力帮助你,家庭就是我们的坚强后盾。

其次,你的朋友也是你的人脉,他们可能和你有共同的爱好,或者共同的经历,你们在一起很开心,也会互相帮助。你的同学也是你的人脉,你们一起学习,一起成长,也可能在未来一起工作,一起创业。

当你步入职场后,你的同事就成了你的人脉,你们一起面对工作中的挑战,一起完成任务,也可能成为生活中的朋友。你的合作伙伴也是你的人脉,你们为了共同的目标而努力,互相支持,互相学习。

而那些在你人生关键时刻给予你帮助和指导的人,可以称他们为"贵人",他们可能是你的导师,你的领导,或者是其他行业的专家。

最后,你在社交媒体上认识的人,虽然可能并不熟悉,但也可能在某些时候为你提供帮助,或者成为你的新朋友。他们或多或少都会影响你的生活,也会帮助你在生活中不断前进。

2. 财物

财物包括家庭和个人资产情况,还有你的时间与精力。

财物,就是跟钱有关的一切事情。这包括你手头有多少钱、欠了多少钱、每个月收入多少、又花出去多少,以及你怎么规划这些钱。

首先,你得知道你有哪些资产,比如存款、房子、车子、股票、基金等,这些都能换成钱。同时,你也得清楚自己欠了哪些钱,比如房贷、车贷、信用卡欠款等。

然后,你得算算自己每个月能赚多少钱,又需要花多少钱。赚钱的途径有很多,比如工资、奖金、投资收益等;花钱的地方就更多了,吃穿住行、教育、车贷房贷都得花钱。

接下来,你得做个预算,计划一下未来一段时间(比如一个月、一年)内收入和支出大概是多少,做到心里有数,不乱花钱。

当然,你还得考虑风险问题,比如生病、失业等突发事件可能会导致你失去收入或增加支出。为了应对这些风险,你可以买些保险,或者存点应急备用金。

最后,你还得想想怎么投资赚钱,让钱生钱。你也许会买股票、基金等理财产品,也可能投资一线城市的房地产等实体资产。投资都有风险,入市需谨慎哦!

时间同样是一种宝贵的资源，你用来工作就能赚钱，用来提升自己就能提高未来赚钱的能力。所以，规划财物的时候，一定要考虑好怎么合理分配时间与精力，让每一分每一秒都发挥出最大的价值。

3. 工具

工具包括硬件、软件。

硬件工具就是我们能摸得着的，比如电脑、手机，还有专业的相机、摄像机等。我们用电脑处理文件、做设计；用手机打电话、上网、拍照。这些工具都是我们日常生活和工作离不开的。

软件工具就是运行在硬件设备上的程序，比如办公软件 Word、Excel，我们用它们来处理文档、做表格；团队协作的时候，可能会用飞书这样的软件来沟通、分配任务；日常记录一些想法、待办事项，可能会用到幕布、格志这样的工具；存储文件的话，百度网盘是个不错的选择，随时随地都能访问自己的文件；开会的时候，尤其是线上会议，腾讯会议这样的 App 就派上用场了；还有剪映，如果想剪辑个视频，它就是个挺好用的工具。

所以说，工具是我们生活和工作的得力助手。特别是现在各种 AI 应用、数据分析软件日新月异，选对了工具，干活就能事半功倍。

二、提升潜在价值的优势——内在资源

内在资源依托我们自身，包括我们的知识、技能和才干，

它们都是描述一个人能力和素质的重要方面，但这三方面又各自有着不同的含义和侧重点。

1. 知识

知识通常指的是通过学习、阅读、研究或经验积累而获得的信息、事实、原理、理论和概念，是我们理解和解释周围世界的基础。

比如：历史文学、科学原理、数学公式、语言词汇等都属于知识的范畴，大学所学的专业，考取的证书，也属于自己的知识。知识可以通过学习快速获取，并且往往是具体的、可衡量的，但也需要不断更新和深化，以适应不断变化的环境和需求。

2. 技能

技能是指通过训练和实践而掌握的一系列动作、操作或技术，涉及将知识应用于实际情境中的能力。

比如：驾驶汽车、编程、绘画、演讲、写作、演奏乐器等都是技能的表现。技能需要时间和实践来培养和提高，往往是可见的、可评估的，并且与特定任务或职业紧密相关。

与知识不同，技能更侧重于"做"而不是"知"。知道如何游泳和真正会游泳之间存在巨大的差异，后者就是一种技能。

这里，我们需要区分一下两种不同类型的技能：通用技能和专业技能。

○ 通用技能是指从事社会职业活动所必须具备的基本的、通用的能力。

通用技能在社会不同职业和岗位之间具有普遍的适用性、通用性和可迁移性。这些技能是作为一个现代职业人必须具备的基本素质和从业能力。

通用技能包括语言表达能力、文字表达能力、团队合作能力、时间管理能力、自理和自律能力、计算机操作能力、外语能力、领导力、适应能力，等等。通用技能也会随社会发展而变化，例如直播和新媒体运营能力，现在都变成了通用技能，不管是老师、销售导购、老板、演员，人人都在做直播，人人都要学会做直播。

○ **专业技能是指适应职业岗位的能力。**

专业技能侧重于特定行业或领域，是某一行业或领域中岗位技术人员必须具备的能力。专业技能通常包括专业岗位知识、工艺流程、工艺技巧、实践操作技能、检查维修技能，以及新材料、新工艺、新技术及新设备的应用能力和推广能力等。例如编程技能、会计和财务技能、法律专业知识、医疗护理技能、机械设计或建筑设计技能、市场营销策略、教育教学能力、金融服务技能等。

3. 才干

才干通常指的是一个人内在的、天生的或长期培养的特质和能力，如创造力、领导力、解决问题的能力等，反映了一个人的个性、价值观和思维模式。

才干往往更加抽象和难以衡量，但它们对一个人的成功和成就具有深远影响。才干通常需要长时间的积累和自我反思才能被发现和提升。

大家都知道一个公式：优势＝天赋 × 投入，找到自己热爱又擅长的事情，再在这件事情上去持续投入精力和时间，一年、两年甚至很多年，最终它会成为属于你自己的绝对优势。

才干可以是天生的，也可以是通过长期的学习和实践而逐渐培养出来的。比如：有些人天生就具有领导魅力，能够激励和影响他人；有些人则擅长分析和解决问题，具有强大的逻辑思维能力。

三、最厉害的推进剂——加速资源

加速资源是我们取得成功的推进剂，包括品牌定位、影响力、心力、愿景和使命等。

1. 品牌定位

品牌定位，最重要的就是先把你的标签先定出来：你是谁？别人怎么记住你？假如别人能够很容易记住你，说明你已经有品牌了。

打造自己的定位标签，有个简单明了又实用的公式：定位标签＝专业标签＋身份标签，如图4-8所示。

（1）专业标签

你擅长什么领域，你能提供什么有价值的核心服务，比如，说我提供女性生涯规划，我是创业教练、我是路路女性生涯学苑的创始人。

（2）身份标签

如果使用笔名或者艺名，要能够让人快速地记住你。如果起了个名特别难写，特别复杂，是打字都找不到的生僻字，那就很麻烦了，别人可能就记不住你。

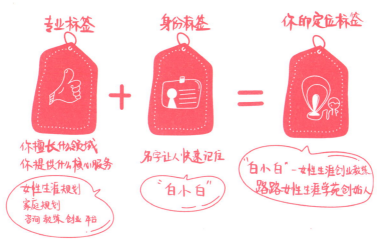

图4-8 定位标签公式

以下是一些建议，帮助你起一个让人难以忘记的笔名或艺名。

○ 简洁易记。

选择一个简短、易于拼写和发音的名字。避免使用过长或复杂的名字，以免让读者或观众感到困惑。

○ 独特。

确保你的笔名或艺名在所在领域具有独特性。避免与同领域的已知名人或品牌重名，以免产生混淆。

○ 相关性。

你的笔名或艺名应该能够反映你的个人品牌、作品风格所传达的信息。这样，当人们看到你的名字时，就能立刻联想到你的作品或形象。

○ 使用押韵或谐音。

押韵或谐音的名字往往更容易被人记住。尝试使用与你的真实姓名、作品风格所传达信息相关的押韵或谐音词汇。

○ 易于联想。

选择一个容易让人产生联想的名字。这种联想可以是与你的作品、形象或所传达信息相关的某种象征、意象或情感。

○ 创新词汇。

通过创新词汇或组合现有词汇来创造一个独特的笔名或艺名。这种方法可以让你在名字上拥有更多的创意自由，同时也有助于塑造独特的个人形象。

在最终确定笔名或艺名之前，可以向家人、朋友或同事征求意见。他们可能会提供一些非常有价值的建议或观点，帮助你完善名字的选择。

一个好的笔名或艺名需要时间的积累和传播才能深入人心。因此，选择了一个令人满意的笔名或艺名后，要持续努力提升自己的作品质量和知名度，让更多的人了解和记住你的名字。

比如，白小白是我的笔名，我取这个名字是希望别人正读反读都能够记住我，也容易书写。最后我的定位标签就是：小白女性生涯创业教练。

你的标签定位也可以有1~3个，比如：女性生涯创业教练白小白、路路女性生涯学苑创始人白小白。

我再举个例子，私域营销阿七，定位标签如图4-9所示。

图 4-9 阿七的定位标签

阿七的专业领域是什么？她擅长私域变现、教练式咨询。身份标签叫阿七，这个名字是不是很容易记？最后定位标签就是私域营销阿七，养成系 IP 教练阿七。

明确你的个人品牌能够为客户解决什么问题，带来什么价值，这将有助于你更精准地定位自己的服务。在此基础上，再制定合理的定价策略，确保你的服务既能体现其价值，又能吸引潜在客户。

为了让你的个人品牌定位更有价值，记得让它们离客户需求更近，离市场价值更近，这样才更容易变现，而且定位标签不应维持一成不变，应该持续更新迭代。

2. 影响力

影响力就是你能让别人听你的，信你的，跟着你走的能力。这不一定需要你有成千上万的粉丝，有时候几十个、几百个、几千个铁杆粉丝就足够了。他们可能是来自你的朋友圈、自媒体、社群以及你的合作渠道。

他们对你有着清晰的认知：你是谁、你的专业领域是什么、你能为他们提供什么服务。那些对你一无所知的人，他们仅仅是过客，但他们也有可能通过你的持续努力转化为你的忠实粉丝。为确保每个月都有新的粉丝加入，你需要不断地经营自己，输出有价值的内容，吸引更多的流量。这些粉丝不仅仅是数量的累积，更是你实现商业变现、营销推广的重要基础。特别是对于追求自由职业或自己创业的人来说，这一点尤为重要。

以一位做优势教练的朋友为例，她的朋友圈人数虽然只有2000人左右，但她每天坚持输出4~6条高价值的内容，并积极在其他社群分享，吸引新的粉丝关注。通过小红书等平台的内容输出，她每天都能吸引新的粉丝加入。

她精心经营自己的私域流量，提供教练服务，一年内通过私域实现了月入过万，这就是影响力变现的典型案例。这个案例证明了只要我们能够明确自己的定位，持续输出有价值的内容，并善于经营自己的粉丝群体，就能够实现影响力的有效转化和利用。

3. 心力

心力不只是一个抽象的概念，更是与我们每一天的生活紧密相连，反映着我们的能量状态和情感波动。

按照霍金斯能量层级标准，当我们的能量状态攀升到200以上时，我们便能感受到一种内在的力量和活力，这就是所谓的高能量状态。在这种状态下，我们的心力，也就是驱动我们前行、面对挑战、创造美好的内在动力会变得尤为强大。所以，我们的心力和能量状态是正相关的，能量状态高，心力就高；反之，能量状态低，心力也低。

以我自己为例，通过不断的自我调整，采取积极的生活态度，我目前的状态能够稳定地保持在霍金斯能量值处于 500 左右。在这个能量层级上，我发现自己能够更加清晰地看到生活中的美好，无论是蓝天白云、花草树木，还是人与人之间的温暖……

同时，我也能够以一颗感恩的心去对待生活中的每一个瞬间，珍惜并感激我所拥有的一切。

心力的强大对于我们追求幸福和成功来说至关重要。它就像是我们内心的燃料，为我们提供源源不断的动力和勇气。要保持心力的强大，我们需要做到两点：一是保持积极、乐观的心态，不被困难和挫折所打倒；二是与那些充满正能量的人为伍，让他们的阳光和热情感染我们、激励我们。

当我们做到这两点时，我们的心力就会像滚雪球一样越滚越大，我们的生活也将因此变得更加美好和充实。

4. 愿景和使命

愿景是对未来的期望和设想，它描述了一个理想的状态或目标。对于个人来说，愿景可能关乎职业发展、家庭生活、个人成长等方面。

例如，一个人的愿景可能是成为一个行业的领军人物，或者拥有一个和谐幸福的家庭。愿景是长期的、宏大的，并且需要持续的努力才能实现。

我的路路学苑的愿景是希望影响 1 亿女性和 1000 万家庭的幸福。它看起来很宏大，但正因为它宏大、有力量，足以让我愿意用一生去追寻和慢慢实现。

使命则更加具体且具有行动导向。它阐述了一个人或组织为了实现愿景而需要承担的责任和行动指南。对于个人来说，使命可能包括一系列具体的目标、计划和行动步骤。

路路学苑的使命是：通过专业的女性生涯教育来帮助更多女性成为自己的幸福人生规划师。

人生使命，其实就是我们每个人心里最想要追求的东西，是每个人内心认为自己这辈子都得努力去完成的事。比如你从小就梦想当个医生，去救死扶伤；或者你想成为老师，去教更多的小朋友；再或者，你想自己创业，给社会多贡献点什么。

每个人的人生使命都不一样，都有自己的小目标和大理想。关键是要找到那个真正让你心动、愿意为之付出的事情，然后一直努力、持续奋斗。在追求使命的路上，可能会遇到很多困难，可能会觉得累，但只要你不放弃，最后一定能够实现你的梦想。

对于我来说，我特别喜欢我现在做的女性生涯规划的事业。我觉得它很有意义，它能够帮助更多的女性找到幸福和满意的工作。当初，在我徘徊和迷茫的时候，就是通过生涯规划的方法找到了自己的人生新方向，找到了想要奋斗一生的事业，家庭也越来越幸福。

我始终相信：是什么拯救了你，你就用它来拯救这个世界。

虽然这个过程可能会慢一些，也可能会辛苦一些，但只要我觉得有意义，我就觉得非常值得。

找到了你的人生使命，然后一直努力下去。你的生活就会变得更加有意义，更加充实！

本节练习

请结合你的事业转型方向,参考以下表格梳理自己的资源,看如何更好地匹配使用它们,以达成目标。

视角	资源维度	资源细分项	超级资源金字塔盘点 对资源细分项的具体阐述	请填写资源内容	背后的期待	重要程度(1~10分)	目前满意度(1~10分)
外在资源	人脉	密友、家人、亲戚	身边的人、特别亲密的、且信任的				
		朋友(基于志趣和欣赏)	不常联系,关系很近有交情,信任度高,会互相支持				
		伙伴(基于工作和职业)	达成共识,有共同利益的盟友				
	财物	用钱换圈子	选择适合自己的圈子用来链接人脉和输出,以打造影响力				
		用钱换学习	选择适合自己的课系统学习,搭建知识体系				

第四章 转型与超越:新时代女性的全局智慧

(续)

超级资源金字塔盘点

视角	资源维度	资源细分项	对资源细分项的具体阐述	请填写资源内容	背后的期待	重要程度（1~10分）	目前满意度（1~10分）
外在资源	财物	用线换时间	用线解决衣食住行及时间问题，用线解决某类通关条件等				
		用线换健康	定期付费理疗、运动等				
	工具	管理工具	各类表单、App等				
		办公物件	各类办公用品				
内在资源	知识	观念层知识	元知识，比如心理学、传播学、经济学等基础学科				
		系统层知识	职业对应的专业基础知识				
		应用层知识	工作中必备技能对应的知识				
	技能	通用技能	是职业中所有人都要具备的通用技能，比如写作、演讲等				
		专业技能	职业必备的技能，比如心理咨询、商业咨询、教练等				
	才干	天赋优势	能力最核心的部分是才干，千里核心的是优势，你非常擅长且具有竞争力的优势				

178　女性能量觉醒：从平凡走向卓越

（续）

超级资源金字塔盘点

视角	资源维度	资源细分项	对资源细分项的具体阐述	请填写资源内容	背后的期待	重要程度（1~10分）	目前满意度（1~10分）
加速资源	品牌定位	个人品牌定位标签	专业标签+身份标签				
	影响力	影响了谁	你的粉丝来源				
	心力	个人能量状态	参考霍金斯能量层级表，现在能基本稳定在哪一个层级				
	愿景和使命	你的人生追求	你为什么样的人群提供什么价值？他们会得到什么帮助改变？				

第五节　循环：利用正向反馈驱动持续增长

"一个人的信念必须超越自我和个人需求，尽你所能帮助别人实现他们的目标。"——苏世民《我的经验与教训》

记得小时候，小孩子们都非常喜欢玩小风车。我们把五颜六色的小风车举在手上，开心地奔跑，跑得越快，风车转动得越快，我们也会跟着开怀大笑。

风车就像一个转动的飞轮，飞轮转动原理非常直观且容易理解，需要三个重要组成部分来实现：固定点、轮子和能量来源。

首先，固定点确保飞轮能够稳定地立在一个地方，不会随意移动或倾倒。没有这个固定点，飞轮就会失去平衡，无法有效地转动。

其次，轮子就是飞轮的主体部分，它负责实际的转动动作。当外部能量作用在轮子上时，轮子就开始旋转，并且会在这个过程中储存能量。为了确保飞轮能够安全、稳定地转动，轮子与固定点之间的连接必须牢固，要减小摩擦，同时还要能够承受转动时产生的各种力量，并且能顺滑地旋转。

最后，能量推动是飞轮持续转动的关键。使一个静止的飞轮转动起来，一开始需要很大的力气，需要一圈一圈反复地推，每转一圈都很费力。但是你会发现，每一圈的努力都不会白费，飞轮会转动得越来越快，达到某一临界点后，飞轮的惯性会让飞轮保持转动,这时无须再费更大的力气,飞轮依旧会快速转动,而且不停地转动。

飞轮效应就好比职业发展中我们职场进步的"魔法圈",如图4-10所示。

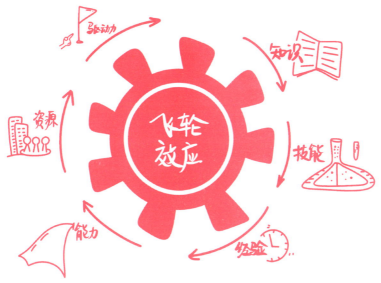

图 4-10 飞轮效应

成为职场核心人物就像是在这个"魔法圈"里找到了一个稳固的立足点,意味着你在公司或者行业里有了不可替代的位置,大家都认可你的价值,并且非常需要你。

你的职业发展就如同这个"魔法圈"本身,也就是飞轮,在知识、技能、经验、资源,还有处理问题能力等关键因素的加持下,飞轮持续转动。你越擅长做某件事,飞轮就会转得越快。

飞轮怎么持续转起来呢？这需要我们的内心动力和不断成长的力量。就像给飞轮一个初始的推力，我们的内心动力让我们有欲望去学习、去进步，去追求更好的自己。而每一次的成长，无论是学会了新技能还是解决了大问题，都像是给飞轮加了一把劲儿，让它转得更快。

一、固定飞轮：成为"核心人"

我有一位学员分享了她的同事小赵的故事，小赵性格内向，在公司里总是保持着一种低调而沉默的状态。

当同事们聚在一起聊天时，小赵通常选择独自坐在一旁，或是埋头工作，或是翻看着手机。即使有人主动与她搭话，她也总是显得有些局促不安，回答简短而冷淡，让人难以继续与她交流。她的声音总是低沉而微弱，仿佛害怕打扰到别人，也害怕被别人打扰。

午餐时间，小赵总是独自去食堂，或是点外卖在办公室吃。她从不参与同事们的聚餐活动，也从不主动邀请别人一起吃饭。她的身影总是那么孤单，仿佛与这个世界格格不入。

上下班时，小赵也是独来独往，她从不与人结伴而行。在团队会议上，小赵很少发表自己的观点和建议。即使被点名发言，她也总是支支吾吾，难以清晰地表达自己的想法。她的意见往往被忽视或忽略，仿佛她的存在对于这个团队来说并不重要。

小赵在公司里就像是一个透明人。她的存在感极低，仿佛是一个被边缘化的存在。她的沉默和内向让她与同事们之间的距离越来越远，也让她在职场中的发展受到了很大的限制，快30岁了还干着基层的杂活儿，公司的新一轮优化中，小赵的岗位岌岌可危。

如果你是小赵，你会怎么办呢？

大多数人可能都会回答："我也不愿意一直当个小透明啊，年龄大了，就更没有竞争力了。"

我们都希望成为在职场中闪闪发光的人：自信、有能力、受人欢迎。

要成为"核心"发光点，需要兼顾三个维度的关系：与自己、与他人、与社会。

当我们找到了这三个维度的和谐交集，就可以成为核心人物，如图4-11所示。

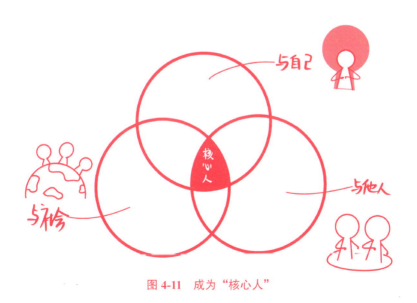

图4-11 成为"核心人"

○ 与自己的关系。简单说就是你怎么看待自己。你觉得自己是个什么样的人？你满意现在的自己吗？你希望将来成为怎样的人？只有当我们对自己有足够的认识和自信时，才能在事业中展现出独特的魅力和影响力。

○ 与他人的关系。就是你和其他人怎么相处。你和朋友、家人、同事、合作伙伴之间是怎么互动的？你们之间的关系是和谐的，还是紧张的？这些都影响着你每天的心情和生活质量。

○ 与社会的关系。这一维度是指你在大社会里所处的位置和角色。你是学生、上班族还是创业者？你为这个社会做了哪些贡献？社会又是怎么看待你的？一个人的信念必须超越自我和个人需求，尽己所能帮助他人实现目标。

这三个维度就像三个连环扣，紧紧咬合在一起。你对自己的认识会影响你与他人的相处方式，你与他人的关系又会影响你在社会中的位置和角色，而你在社会中的表现反过来又会影响你对自己的看法。

想要生活过得更好，关键在于理顺自己、处理好与他人的关系，以及积极融入社会。

我总结了一些咨询中常见的案例以及我自己的应对方法，给你参考。

1. 关注自己：认识自己，活得自在自洽

（1）明确自己要什么

想清楚自己想要什么样的工作和生活，不要被其他人的想法左右，自己想要的才是最重要的，重要的目标是什么？是

追求事业成功,还是平衡家庭和事业,又或者是想先放松调整几天?

有了目标,行动起来就有了方向。

我曾经听过一位拥有多个千万级项目操盘手的分享,她的原话是这样讲的:

2014年的时候,我只是一个研究生毕业,年薪十几万,农村出来没有什么背景的女孩,我在想我要什么时候才能赚到500万呢?

如果只看自己有什么,那我实现财富自由的目标几乎这辈子都不可能达到,我觉得自己需要从目标出发,再去寻找实现路径和匹配资源。我的成功定律公式:成功 = 目标 × 路径 × 资源。

她调整自己的思维方式,从要实现500万收入的目标出发,选择了辞职创业,先经营一家教育机构,从自己亲自装修、一个一个招生开始,把自己的机构做到了年营收过千万。

采取以终为始的思考方式,不要只盯着现在有什么,而要多思考你到底想要什么,再去思考实现的路径,同步寻找梳理所需的配套资源。

(2)调整心态,积极向上

遇到不开心的事,别老往坏处想,试着换个角度看问题。生气是用别人的错误来惩罚自己,多想想那些让自己开心的事,让自己保持好心情。

(3)不断学习,提升自己

学点新东西,提高自己的能力,这样工作和生活都会更顺利。工作中能力出众的女性，更能够赢得别人的尊重。业余的时候也可以培养点兴趣爱好，比如，插花、做饭、烘焙、品茶、画画、跳舞、唱歌、旅游、看书、听音乐……多点爱好，生活不会单调乏味。

2. 链接他人：搞好关系，合作共赢

（1）多听少说，理解别人

和人交流时，多听听对方的想法，多站在对方的角度思考问题，这样更容易理解别人，减少误会和冲突，自己也会更加包容、平和。

（2）互帮互助，懂得感恩

看到同事、朋友有困难，主动伸把手，帮个忙。同时，多向前辈和优秀的人请教，一起学习进步。对那些向你伸出过援手的朋友和贵人要懂得感恩，要及时回馈。

（3）温柔沟通，化解矛盾

特别是和身边的人相处，要尽量控制自己的情绪，说话别太冲，多用温和的语气交流。遇到矛盾，先冷静下来，好好沟通，一起找解决办法。

3. 融入集体：做点贡献，展现价值

（1）参与公益，传递爱心

有时间的话，参加点公益活动，帮助一些需要帮助的人。这样不仅能让自己感到快乐，还能传递正能量。

（2）积极工作，创造价值

认真对待工作，努力做出成绩，为社会创造价值。这样不仅能提升自己的职业地位，还能赢得别人的尊重和认可。偶

尔躺平一下没问题，如果躺平久了，就会连起来的力气都没有了。

（3）展现女性魅力，影响他人

无论高矮胖瘦，我们都有属于自己的独特人格魅力。自信的女孩都是美丽的。在工作和生活中，展现自己的优势，影响身边的人，一起创造更美好的未来。

想让别人觉得你很厉害、很重要，先让自己变得更厉害，同时还得和大家搞好关系，多帮助别人。这样，你就能成为大家心里那个不可或缺的人！

二、让轮子转动起来

前面，我们已经清晰判断了自己的能力阶段，知道自己当下是青铜、白银、黄金、钻石级别的哪一种。处于不同的级别阶段，我们需要运用不同的力量形式来驱动自己，使自己的职业飞轮持续转动。

1. 青铜级：新手摸索阶段，需要学习力和适应力来驱动

○ 学习力

刚开始工作或者转型到一个新的领域，要多虚心学习。无论是通过公司培训还是向行业前辈请教，抓紧吸收知识，尽快适应公司或者组织的工作节奏和环境，这样工作起来才能得心应手。

○ 适应力

面对新的环境和任务，要能快速适应，别被小困难吓倒。工作中遇到变化时，心态要平和，灵活应对，就像小小仙人

掌，插在哪里都能活。

2. 白银级：独当一面阶段，需要执行力和创造力来驱动

○ 执行力

接到任务后，要立刻行动起来，按时完成。同时，还要尽量做好，能够超出预期会更棒，这会大大地激励自己。想办法提高工作效率，灵活运用各种提升效率的工具，多向其他人求助，别让自己太忙太累。

○ 创造力

工作中要有自己的想法，敢于创新，不要总是按老套路来，要总结出自己的经验方法。关注行业的新动态，看看有没有什么新的方法或技术可以用在工作中，千万不要闭门造车。

3. 黄金级：明确发展方向阶段，需要领导力和战略眼光来驱动

○ 领导力

作为团队的领导，要带领大家往好的方向走，给大家制定明确的目标，成为教练型的领导者。要激发员工的潜力和内在动力，让你的团队意气风发地和你一起努力。多听听团队成员的意见，帮助他们解决问题。善于授权下属，引领团队一起进步，培养出自己的核心团队。

○ 战略眼光

站在更高的角度看问题，想想公司及团队未来的发展方向和战略。根据公司的战略，帮助团队成员规划好他们的发展路径，帮助他们看到更好的发展前景。

4. 钻石级：制定战略决策阶段，需要决策力和影响力来驱动

○ **决策力**

关键时刻要能做出正确的决定，为公司的未来指明方向，甚至能够让公司在绝境中重生。收集各方面的信息，理智分析，做出最有利的决策。学会系统性地看问题，站得高、看得远，掌控全局。

○ **影响力**

让更多人知道和认同你的理念和战略，吸引更多的合作伙伴共创更美好的未来。建立广泛的人脉关系，为团队创造更多的机会和资源。在自媒体平台上，创始人自己可以努力成为有影响力的 IP，获得更多的粉丝和拥护者。

每个阶段都需要不同的力量来推动自己的职业发展，但最重要的还是要不断学习和努力，只有这样你才能在职业发展中不断进步，取得更好的成绩。而推动我们在每个阶段一直往上走的动力，一定是可以循环的力量，而且这种力量可以带着我们螺旋式地上升。

分享一个有趣的隐喻故事：

有一座繁华的城市，名字叫作"螺旋城"。这座城市以一座形状巨大、螺旋式的高楼为中心，这座高楼象征着现代的人们不断追求心灵与智慧的螺旋上升。米妮就生活在这座螺旋城里。

米妮是毕业于某名牌大学的研究生，她对未来充满了激情和理想，渴望在这个充满竞争与机遇的社会中闯出一片天地。然而,随着工作的深入,她逐渐发现现实并非想象中那么简单。

工作中,米妮遇到了各种挑战和困难。有时,她需要面对复杂的人际关系,有时她需要应对繁重的工作任务。进入职场后的第5年,她的职业上升遇到了瓶颈:行业趋势变化、技术进步、内部竞争加剧,她感到有些迷茫和不安,不知道自己该如何应对这些挑战。

有一天,米妮偶然间走到了那座形似螺旋的高楼下。她决定上去参观一下,希望从中找到一些启示。

当她站在那座高楼前,仰望着那盘旋而上的建筑时,她感到一种莫名的震撼。她仿佛看到了自己的成长之路就像这座高楼一样,需要不断地攀升和超越。

随着楼层的升高,米妮的视野逐渐开阔:在二楼,她看到的只是楼下的垃圾和琐事;到了十楼,她开始能俯瞰街道上繁忙的人群和车流;而到了三十楼,远处的公园和周边的高楼都尽收眼底。这一路上,她仿佛重温了自己的职业生涯,从初入职场的菜鸟到如今的部门主管,每一步都充满挑战,同时也带来了成长。

当米妮终于站在一百楼的顶层时,她被眼前的景象深深震撼,整个城市如同一个巨大的棋盘展现在她眼前,高楼大厦、立交桥和远处的云霞共同构成了一幅壮丽的画卷。她突然意识到,自己的人生也像这座高楼一样,需要不断地攀升和超越才能看到更广阔的天地。

在这一刻,米妮豁然开朗。她明白了自己之所以迷茫和不安,是因为一直停留在原地没有进步。于是她下定决心要勇敢地面对挑战，继续追求自己的梦想。

回到现实后的米妮变得更加自信和坚定，她开始主动拓展自己的人脉圈子，与各行各业的精英交流学习，这些努力不仅让她看到了更广阔的世界，也给她带来了许多新的启示和机会。

从此，米妮变得更加积极和乐观，她勇敢地面对每一个挑战和机遇。在她的带领下，她的团队也变得越来越强大和高效，成为公司内部的佼佼者。而攀登那座螺旋形的高楼也成为她人生中的一个重要里程碑，提醒着她要勇往直前、不断攀升。

这样的隐喻，我会经常用教练提问的方式与我的客户们交流，邀请她们一起体验。

"新的高度是人生的新起点，视野决定人生的宽度。"站在不同的高度，我们会看见不一样的风景，我们的心境自然也会不一样。

三、飞轮循环，生生不息

获得了动力，拥有了高度和视野，我们即将开启一轮又一轮的螺旋上升，你会发现自己在许多方面都获得了提升：能量越来越高，能力越来越强，能够解决更多之前搞不定的事情；心境更加豁达，对待别人变得更加包容，和身边的人相处更融洽；可以帮助到更多的人，会获得更多的支持和拥护者，影响力也越来越大。你认识到生命生生不息，开始思考更深的人生意义，开启了良性发展的循环模式，如图 4-12 所示。

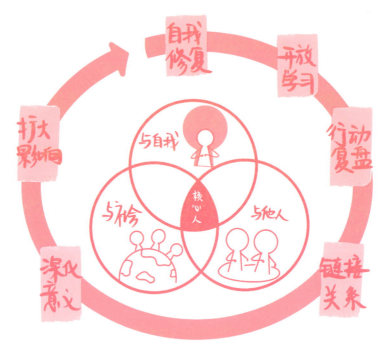

图 4-12　让你的飞轮不停循环

这个良性的循环可以继续从与自己、与他人、与社会的关系三个维度出发去慢慢实现：

1. 与自己

○ **自我修复**

每个人都会有身心疲惫的时候，每周为自己安排一天或者半天的"放松日"，不做任何与工作相关的事务，专注于自我放松和情绪调整。学习一些简单的心理调适技巧，如正念冥想、深呼吸练习、和信任的人敞开聊聊，释放自己的心理压力。每月至少进行一次自我反思，记录自己的成长与不足，并制定改进措施。

- 打开格局并保持开放的学习心态

每季度至少阅读一本与自己领域相关的书籍或行业报告，了解前沿动态。积极参加行业内的线上线下研讨会、讲座，与同行交流学习。尝试学习一门有些了解但是并不熟练的新技能或新知识，不断拓宽自己的能力边界。多关注国家大事和行业趋势，少关注家长里短；多关注成长和赚钱，少陷入小情小爱。

- 明确目标

年初制定年度发展目标，并将其分解为季度、月度、周度的小目标。使用项目管理工具或日历应用来追踪目标进度，确保自己始终朝着目标前进。每月底进行一次目标达成情况的总结，及时调整策略和方法。

- 行动复盘

每次完成重要项目或任务后，都要进行详细的复盘，总结经验教训。定期与同事或导师进行反馈交流，听取他们的意见和建议，改进自己的工作方式。将复盘结果和反馈意见整理成文档或者及时分享出去，作为未来工作的参考和借鉴，也同步扩大自己的影响力。

2. 与他人

- 主动沟通

每天至少与一位同事或合作伙伴进行有意义的交流，了解他们的工作进展和想法。在会议或团队讨论中积极发言，分享自己的观点和见解。使用即时通信工具、社交媒体平台等定期与重要的人保持联系，分享你的工作动态和生活动态。和家人也要主动沟通，每天对你爱的人说一次"我爱你"。遇到重要日期（生日、节假日、对方的成就日、婚丧嫁娶日）记得给你通讯录里的贵人们主动发出祝福、问候和关心。

○ 建立信任关系

不要轻易承诺，但是承诺的事情一定要按时做到，即使遇到困难也要及时沟通并寻求解决方案。对待同事和合作伙伴要真诚、坦诚，避免隐瞒或欺骗。在团队中积极参与协作，为团队的成功贡献自己的力量。

○ 深化合作共赢

利用业余时间参加一些兴趣小组或社交活动，结交更多志同道合的朋友。与同事或合作伙伴定期聚餐或组织团建活动，增进彼此的了解和友谊。在社交平台上关注行业内的专家和意见领袖，与他们建立联系并学习他们的经验。找到那些人品好、有能力且重视你的人，把他们变成你的合作盟友，大家一起合作共赢。

3. 与社会

○ 明确个人价值

找到你喜欢并且擅长的事业方向，通过努力工作来发掘自己的潜力和价值所在。思考自己的职业如何能为社会带来价值，如何更好地帮助别人，找到工作的意义和目标。不断提升自己的专业技能和知识水平，以更好地服务社会。

○ 积极参与社会活动

关注社会热点问题，积极参与相关讨论或活动，为社会进步贡献自己的力量。加入行业组织或公益组织，参与组织活动或项目，扩大自己的社会影响力。利用自己的专业知识和技能为社会提供咨询或服务，解决实际问题。

○ **扩大影响力**

在社交平台上持续分享自己的经验和见解，吸引更多人的关注和认可。参与行业内的公开演讲或撰写专业文章，展示自己的专业能力和影响力。与行业内外的意见领袖建立联系，合作开展项目或活动，共同推动行业发展。

坚持在三个维度不断投入时间，保持精进，女性可以更加有针对性地提升自己的能力和影响力，从而获得螺旋上升的循环动力，实现个人和事业的持续发展。

本节练习

从提升自己、链接他人、融入社会三个维度出发找到可以打造自己核心闪光点的方面，持续投入并且努力奋斗。

维度	可以做什么，列出来 （以我自己为例）	准备什么时候达成 （以我自己为例）
提升自己	出两本书、能量状态提升到600、读管理学博士、成为MCC大师级教练	3~5年
链接他人	做"觉醒的姐姐"系列产品，链接并服务更多优秀的高能量女性	1年内
融入社会	开展主题公益咨询活动，引导更多人关注女性生涯发展	1年内
三个方面同时兼顾	做强做大"路路女性生涯学苑"，专业和商业并行发展	下半生持续做，做到白发苍苍

WOMEN

第五章

绽放真我：高能量女性的觉醒之旅

第一节 涅槃重生：从低谷中逆袭

"凤凰涅槃，浴火重生，这不仅是一次生命的蜕变，更是一次灵魂的觉醒。"

我曾经仔细观察过成都大运会的会徽，它的图案宛如一只正欲展翅高飞的"太阳神鸟"，背面镶嵌着色彩艳丽的红色珐琅，还有那流光溢彩的蜀锦绶带。虽是一枚小小奖牌，却深深蕴含着中华文化的精髓，设计灵感源自古蜀太阳神鸟和中华凤凰。

会徽设计中巧妙融入了"凤凰"这一中国文化特色元素。图形左侧圆弧切割的样式象征着"凤首"，右侧融入火焰元素的形式象征着"凤尾"，进而描绘出一只活灵活现盘旋在天际的瑞鸟。凤凰，在中国文化中被赋予了神圣与美丽的象征，寓意着高贵与重生。设计师笔下的凤凰栩栩如生，尾部火焰熊熊，仿佛在诉说：无论遭遇何种困境，我们都应拥有如凤凰般浴火重生、再次翱翔的勇气。

在生活的征途上，每一位历经人生洗礼的女性都如同那只浴火的凤凰，心中怀揣着对美好生活的渴望。我们努力付出，期望得到认可；我们倾心家庭，希望家人幸福；我们孜孜不倦地学习，追求更加完美的自我。然而，生活并非总是风平浪静，困境与挫折时常让我们陷入迷茫与无助的黑暗之中。

但正是面对这些艰难时刻，我们体内的凤凰能量才逐渐苏醒。它如同一盏明灯，照亮我们前行的道路，给予我们力量与勇气。我们开始振作精神，如同凤凰在烈火中涅槃重生。每一次的失败与挫折都如同凤凰涅槃中的烈焰，虽痛苦却使我们变得更加坚韧。

无论你现在身处何地，无论你正经历着怎样的困境与挑战，都请相信：你的体内蕴藏着无尽的能量。只要你勇敢面对、坚持不懈地努力下去，你就一定能够如太阳神鸟般展翅高飞，绽放出属于自己的璀璨光芒。这份光芒或许并不耀眼夺目，但它却足以温暖你的心灵、照亮你前行的道路。

林婉出生在一个北方的小镇，小镇的生活节奏缓慢而平淡。大学毕业后，林婉不想回家乡的小县城当公务员，带着对未来的憧憬和一颗勇敢的心，毅然踏上了前往北京的列车。在那座繁华而喧嚣的都市里，她开始了自己的奋斗之旅。

她的第一份工作是在一家初创公司担任市场助理，每天要处理大量的数据和市场调研，还要应对各种突发情况。但她从不退缩，总是全力以赴地完成每一项任务。她的努力和认真得到了上司的认可，逐渐在公司里崭露头角。

就在林婉即将迎来事业上升期的时候，她遇到了陈渊。陈渊是一个外表英俊、口才了得的男人，他巧言令色，很快就赢得了林婉的信任和芳心。他对林婉许下了美好的承诺，声称自己在南方有一个很好的创业机会，希望她能一起南下。

被爱情冲昏头脑的林婉没有过多考虑就辞去了北京的工作，辞职的时候，领导非常惋惜："大家都很喜欢你，眼看着公司越来越好了，结果你却要走了。"

林婉虽然也对公司很不舍，但架不住男朋友的"温柔攻势"，她选择了跟随男友。带着满心的期待和梦想，林婉踏上了前往南方的旅程。

然而，随着时间的推移，林婉渐渐发现了一些不对劲的地方。陈渊口中的那个项目，并没有像他之前所说的那样稳步推进，反而是一再地推迟上线时间。面对项目为何无法推进的质疑，陈渊总是有各种借口。每次当林婉提出质疑时，陈渊总是能用一些花言巧语将她哄骗过去。

直到有一天，林婉无意间发现了陈渊和其他人的聊天记录，话里行间透露出的信息让她如遭雷击。原来，陈渊所谓的"创业机会"根本就是一个传销骗局。他利用人们对成功的渴望，编造出一个又一个美好的愿景，诱骗他们投入资金，然后再通过发展下线的方式，不断榨取他们的价值。

林婉感到一阵眩晕，她仿佛看到了自己辛苦积攒的血汗钱，就这样一点点流入了那个组织的口袋。那些曾经让她心动不已的承诺和美好愿景，此刻在她眼中变得如此虚伪和可笑。林婉仿佛从天堂跌入了地狱，曾经的梦想和希望，在这一刻化为了无尽的绝望和愤怒。她找陈渊质问，想要讨回自己的损失，但是这一切都已经无法挽回了。

她不仅失去了所有的积蓄，还背上了沉重的债务。那些她辛苦工作攒下的血汗钱，那些她对美好爱情和未来的憧憬和期待，全部化为了泡影。

她不敢回家，害怕面对父母关切的目光和询问的话语。她选择了逃避，到深圳去打工，一个人默默承受所有的痛苦。

2019年，头条还非常火爆，林婉所在的公司每天可以从平台上接到几十甚至上百个客户的咨询,她意识到这是一个充满机遇的行业,自己必须全力以赴。

工作中,林婉全力以赴、兢兢业业。她知道自己没有任何背景和人脉关系可以依靠,只能靠努力来证明自己。她不怕苦、不怕累、不计较个人得失,总是冲在最前面承担责任、解决问题。她虚心向同事请教、认真学习他们的经验和技巧;她积极主动地参与各种项目和活动、锻炼自己的实践能力和团队协作能力;她还经常加班加点地工作、牺牲个人的休息时间来完成任务……

林婉认识我也是通过头条平台。我当时入驻头条平台成为职场问答栏目的专家,一次偶然的机会,她向我提问:"白老师,我曾经很失败,现在一个人努力打拼,感觉有时候真的很辛苦,该怎么自我疏导?"

我回复她:"非常感谢你对我的信任和提问。不知道发生了什么,但是我完全理解你的感受,人生总会遇到起起落落,有时候努力也会让我们感到疲惫和孤独。可以找个信任的陌生人倾诉一下,也可以通过一些自我教练的方法,慢慢地做自我疏导。"

林婉加了我的好友,开启咨询,向我倾诉了她的过往。在长达半年的时光里,我陪伴在她身旁,通过教练疏导的方式,尽力帮助她解开内心的困扰,跟她共同迎接崭新的生活。

在之后的日子里,林婉继续学习精进,阅读了大量的书籍和文章,观看了无数的教学视频和案例分析。她的笔记本上密密麻麻地写满了笔记和心得,每一页都凝聚着她的汗水和智慧。

她关注行业动态和热点话题并积极参与讨论；她与同行交流经验和心得并分享自己的见解和看法；她还经常参加各种线上线下活动和培训课程来提升自己的专业素养和技能水平……她也逐渐摸索出了一套适合自己的运营方法和营销策略并取得了显著的成效。

三年的时间里，林婉几乎没有给自己放过一天假。她每天都在为了自己的梦想而努力奋斗着；她每天都在为了还清债务而拼搏着；她每天都在为了学习新媒体知识而坚持着……

最终她不仅还清了所有的债务，还成了一名备受瞩目的百万新媒体项目操盘手！

林婉说："我曾经以为自己就是一个感情失败，事业失败，没有什么希望的人。但是到了今天，回头再看，其实那些失败都不是我的错，关键是自己的心态要转变，要接受现实，调整好自己，从头再来。"

其实，我们每个人都和林婉一样，经历过人生的至暗时刻。大多数人最终都能找到出路，只是恢复的速度因人而异，有的人几天就能重新振作，而有的人却需要数月甚至数年的时间。

该如何浴火重生，更快地满血复活呢？我们可以在日常中学会 ABC 思考法，训练自己的积极心态，如图 5-1 所示。

ABC 思考法也叫 ABC 理论，由美国著名心理学家阿尔伯特·艾利斯提出。ABC 理论认为，我们对外界事件问题（A）产生情感和情绪反应，以及由此产生了行为（C）。我们的行为本质上不取决于我们遇到的事件问题（A），而是取决于我们的信念、看法和解释（B）。

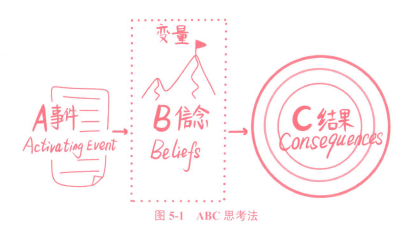

图 5-1　ABC 思考法

比如，两人一起上班时，迎面碰到领导，但领导没有和她们打招呼。

其中一个人会想："领导可能没看到我，没啥关系。"而另一个人会想："领导是不是对我有意见？我哪里得罪他了？"

因为有不同的想法，两个人产生了不同的行为结果：

正向思考的人会忽略这个不太愉悦的小细节，继续开心地去上班，而负向思考的人可能会忧心忡忡，一整天工作都提不起劲来。

你看，对同一个现象（A），由于我们有不同的信念和解释方式（B），接下来其对我们的影响也完全不同，我们采取的行为也不同（C）。所以信念（B）是重要的变量。不过信念、看法和解释方式（B）也是可以调整的。

ABC 思考法的日常训练步骤

步骤一：明确触发事件（A）

当你感到不适或情绪波动时，立即停下来，深呼吸，并尝试明确是什么具体的事件或行为触发了你的情绪。例如，你发现自己在工作中被领导批评了，这就是一个明确的触发事件。

步骤二：觉察并详细记录信念（B）

在这一步，你需要深入觉察自己对这个触发事件的看法或信念。这些信念可能源于你的惯性思维，即那些在你没有意识到的情况下自动出现的想法。为了更具体地捕捉这些信念，你可以尝试将它们写下来，并尽量详细地描述。

例如，对于被领导批评的触发事件，你的信念可能是："我总是做不好事情，领导对我很失望。"将这个信念详细地记录下来，有助于你更清晰地看到自己的思维模式。

步骤三：分析后果（C）

这一步，你需要具体分析你的信念是如何影响你的情绪和行为的。继续上面的例子，你的信念"我总是做不好事情，领导对我很失望"可能导致你感到沮丧、自卑，甚至想要逃避工作。将这些后果详细地记录下来，有助于你更清晰地看到信念与情绪、行为之间的关系。

步骤四：挑战信念并积极调整

这一步，你需要具体审视和挑战自己的信念。问问自己："这个信念是真实的吗？有没有其他更合理的解释？"在上面的例子中，你可以挑战信念的真实性，比如："领导批评我，并不意味着他总是对我失望，可能只是针对这件事情，也可能是对我抱有更高的期待。"

然后,尝试用更具体、更积极的信念来替代原有的消极信念。例如:"我可以从领导的批评中学习,改进自己的工作。"将这个新信念也详细地记录下来。

步骤五:制订具体行动计划

最后,根据调整后的信念制订一个具体的行动计划。在上面的例子中,你的行动计划可以是:"主动与领导沟通,了解他对自己工作的具体期望和建议;制订一个改进工作的具体计划,并定期回顾和调整。"将这个行动计划详细地写下来,尽量具体、可行。

通过这样具体地应用 ABC 思考法,你可以更好地识别和调整自己的消极信念,从而以更积极、更理性的方式应对生活中的各种挑战。

而林婉,现在再遇到新的困难,会更容易释然:"嗨,这些算啥,都不是事儿。"

在征得她的同意后,我小心地隐去了所有可能暴露她隐私的细节,将她的故事分享给了更多人。希望这份经历能给予同样身处困境中的人一些慰藉和勇气。

如今的林婉已经不再是那个单纯而柔弱的小镇女孩了,她已经成长为一个成熟而自信的新媒体人,她已经实现了自己从一无所有到事业有成的华丽转身,她用自己的行动诠释了什么叫做人生可以重来。

我们坚信:有勇气、有毅力,就能从低谷逆袭。**人生跌至谷底,也是向上的开始。**

本节练习

用 ABC 思考法帮助我们培养正向的信念和思维方式，以下是积极调整信念的自我提问教练方法：

A 事件	我遇到了什么事情？我有什么情绪和感受？
B 信念	1. 针对挑战的积极提问： ○ "这个挑战中蕴藏着哪些成长的机会？" "我可以从这个挑战中学到哪些新的技能或知识？" ○ "我曾如何应对类似的挑战，并取得了成功？" 这些提问有助于你将注意力从问题的困难性转移到潜在的成长和学习上。 2. 关于自信的提问： ○ "我过去有哪些成功的经历可以提升我的自信心？" ○ "我如何利用我的优势来增强自信？" ○ "有哪些证据表明我具备应对当前情况的能力？" 这些提问有助于你认识到自己的价值和能力，从而增强自信。 3. 关于目标与未来展望的提问： ○ "我设定的目标对我来说有何积极意义？" ○ "我如何实现这些目标，并且享受过程？" ○ "未来的我可能会如何感谢现在的我付出的努力？" 这些提问促使你以更长远和积极的眼光来看待自己的目标和努力。 4. 关于感恩与正念的提问： ○ "今天有哪些事情值得感恩？" ○ "我如何保持对当前时刻的专注和欣赏？" ○ "有哪些小事给我带来了快乐或满足感？" 这些提问有助于你培养正念和感恩的心态，更加珍视和享受当下的生活。 5. 关于学习与成长的提问： ○ "从最近的经历中我学到了什么？" ○ "有哪些新的技能或知识是我想要学习的？" ○ "如何为自己创造一个持续学习和成长的环境？" 这些提问能够激发你不断学习和进步的愿望，促进个人成长。 6. 关于面对困难的提问： ○ "这个困难是暂时的，还是永久的？" ○ "有哪些策略可以帮助我克服这个困难？"

(续)

B 信念	○ "我如何从中找到积极的一面或机会？" 这些提问有助于你在面对困难时保持灵活和乐观的态度，寻找解决问题的方法。 7. 关于情绪管理的提问： ○ "我当前的情绪状态对我的目标有何影响？" ○ "我如何有效地管理和调整自己的情绪，以更好地应对挑战？" 这些提问有助于你识别并管理自己的情绪，更加冷静、理智地应对各种情况。 8. 关于社交关系的提问： ○ "我与周围的人建立了哪些积极的关系？他们如何支持我的成长？" ○ "我如何更好地与他人合作，以实现共同的目标？" ○ "有什么方法可以让我和周围的人都变得越来越好？" 这些提问有助于你认识到社交关系对个人成长的重要性，并激发你与他人建立更加积极、合作的关系。
C 结果	这件事对我有什么影响？有什么经验收获？接下来我打算怎么行动？

第二节　明确目标：向更高层级跃进

"每一个不曾起舞的日子，都是对生命的辜负"——尼采

夜幕降临，城市的灯火如同点点繁星，照亮了杭州这座西子湖畔繁华都市的每一个角落。一座写字楼里宽敞明亮的直播间中，小慧端坐在镜头前，她的眼神坚定而自信，脸上洋溢着职业主播特有的光彩。

她的直播间里摆放着各式各样的商品，从时尚服饰到美妆护肤，每一件都经过她的精心挑选和测试。而此刻，她正热情地向粉丝们介绍着一款新品，她的声音清晰而富有感染力，直

播间里互动声不断，气氛热烈而活跃。

小慧的原生家庭并不幸福。她的父亲是个赌徒，因赌博欠下巨额债务。

债主频繁地上门逼债，让她的童年充满了恐惧和不安。她渴望逃离这个冰冷的世界，寻找一丝温暖和希望。在她十四岁那年，父母终于离婚了，房产也变卖了用来还债，妈妈带着她搬进了一个简陋的出租屋，开始了相依为命的生活。

生活的艰辛并没有让小慧屈服。她知道，只有自己努力，才能改变命运，让妈妈过上好日子。于是，她发奋学习，用功读书，大学毕业后，她凭借自己大学学生会会长身份和优秀的成绩单，如愿进入了一家大型培训机构工作。然而，命运的捉弄让她再次陷入困境，培训机构的倒闭让她失去了工作，生活再次陷入黑暗。

正当她感到迷茫无助的时候，一个偶然的机会让她进入了这家直播公司。

起初，她对直播行业一无所知，只是抱着试一试的想法，希望能够在这里找到一份新的工作。然而，她很快发现，这个行业并不是想象中的那么简单。

在直播公司里，小慧需要学习如何与观众互动、如何介绍产品、如何把控直播节奏……一切都要从头开始。为了提升自己的直播能力，她利用业余时间观看其他主播的直播，学习他们的表达方式和互动技巧。她还积极参加机构组织的培训活动，不断提升自己的专业素养。

在直播的过程中，小慧也遇到了很多困难和挑战：

首先她被海量的知识所淹没。她不仅需要了解直播平台的操作、直播技巧，还必须对所售商品有深入的了解。从化妆品的成分、功效到服装的材质、剪裁，再到电子产品的性能参数，她必须样样精通。为了做到这一点，她经常利用业余时间研读各种资料、参加培训，甚至亲自到工厂和实验室去了解产品的生产过程。

面对镜头，她最初感到极度不适应，会紧张到声音颤抖、手心出汗，有时甚至会出现大脑空白的情况。观众的每一条弹幕、每一个表情都牵动着她的神经。她努力调整自己的状态，尝试与观众建立连接，但很多时候都遭遇了冷场和尴尬。为了克服这一障碍，她多次进行模拟直播练习，并逐渐找到了自己的节奏和风格。

直播行业的竞争异常激烈，小慧每天都面临着来自其他主播的压力。她不仅要与那些已经拥有大量粉丝和知名度的大主播竞争，还要与众多和自己一样的新人争夺有限的资源。为了脱颖而出，她必须不断创新自己的直播内容、提升互动质量，甚至还要关注行业动态和市场趋势。

长时间的直播让小慧的身体承受了巨大的压力。她的嗓子经常因为连续说话而变得沙哑，眼睛也因为长时间盯着屏幕而出现疲劳和干涩，久坐也导致她的颈椎和腰椎出现了疼痛。然而，即使身体感到疲惫和不适，她仍然坚持每天准时出现在镜头前，为观众带来最好的直播体验。

面对失败和挫折，小慧的心理也经历过巨大的波动。当她的直播观看人数只有个位数、互动冷清时，她会感到沮丧和失落；当遭遇观众的质疑和攻击时，她也会感到委屈和生气。

然而，她并没有被这些情绪所击垮，而是选择了勇敢面对。她通过与其他主播交流、自己给自己打气鼓励等方式来调整自己的心态。

功夫不负有心人，她转型成功了。她的直播间变得越来越受欢迎，观众们开始被她的真诚和热情所打动。她的业绩也随之飙升，成为直播公司里的一颗新星。

如今的小慧已经不再是那个初入行业的新人了。她变得自信、从容、充满魅力。

小慧喜欢读尼采的书，里面有一句话："每一个不曾起舞的日子，都是对生命的辜负。"

小慧还有一个梦想：30岁之前在杭州拥有一套属于自己的房子，给自己和妈妈安一个温暖的家。生活给予她的并不是一帆风顺的航程。面对重重困难，她可以选择抱怨、放弃，但她没有。相反，她选择了积极应对，不断寻找机会和方法去接近她的梦想。不畏难而退、珍惜每一刻、心怀梦想、感恩前行。

我用教练对话中常用的 GROW 模型对小慧 30 岁之前在杭州买一套房子的目标进行了梳理，如图 5-2 所示。GROW 是一个常用的指导个人或团队目标达成的工具，可以帮助我们减少某些事情的干扰，从内心找到对应的办法。

G：Goal，目标设定；

R：Reality，现状分析；

O：Options，选择策略，也代表解决问题的办法；

图 5-2　GROW 模型

W：Will，行动计划。什么时候开始？什么时候完成？意愿如何？

我们通过提问的方式进行了对话，我综合了提问和小慧的回复分享给你：

第一步：目标设定（Goal）

我："小慧，你能具体描述一下你理想中的房子吗？它的位置、大小、价格等是怎样的？它对你来说意味着什么？"

小慧："我希望在杭州的市中心或者近郊买一套两室一厅的房子，价格在我的预算范围内，最好交通便利且周边设施齐全。它是我和妈妈的家，是一个可以安身立命的住所，也是我自己的一份底气。"

明确目标：小慧的目标是在 30 岁之前在杭州买一套房子。

第二步：现状分析（Reality）

我："小慧，你目前的收入状况如何？你的收入渠道还可能拓展哪些？主要支出主要集中在哪些方面？你认为实现买房目标的最大障碍是什么？"

小慧："我目前的收入虽然稳定，但还不足以支撑我在杭州买房。目前收入还比较单一，需要想办法拓展新渠道。我的支出主要集中在日常生活和直播设备上。我认为实现买房目标的最大障碍是收入不足和房价较高。"

现状：小慧目前是一名有一定粉丝基础的主播，目前收入还不错但存款还不足以在杭州买房，并且直播行业竞争激烈、变化很快，未来也有很多不确定性，她需要增加其他渠道收入并合理规划支出。

第三步：选择策略（Options）

我："小慧，你能想到哪些方法增加你的收入？"

小慧："我目前考虑增加直播时长和提高直播质量来吸引更多粉丝。同时，我也可以尝试与其他主播合作或者参加一些线下活动、录制课程、给需要的人提供培训来增加收入。在理财方面，我可以咨询专业人士来制定一个合理的财务规划。"

方案：小慧可以考虑通过增加直播时长、提高直播质量、拓展其他收入来源（如广告合作、线下活动、开设线上课程、撰写相关文章或书籍、提供咨询等）来增加收入。同时，她也可以学习理财知识，合理规划支出和投资。

第四步：行动计划（Will）

我："小慧，你对实现买房目标有多大的决心？准备如何开始行动？"

小慧："我非常渴望在杭州买一套自己的房子，我愿意付出更多的努力和时间来实现这个目标。我相信通过不断努力和积累，我一定能够实现我的梦想。"

明确行动步骤：小慧决定制订一个详细的计划，包括增加直播时长、提高直播质量、拓展其他收入来源，以及学习理财知识等。她将按照这个计划逐步实施，并定期评估进展。

通过 GROW 模型的分析，小慧再次明确了自己的目标，还分析了现状并探索了可行的解决方案。最后，又增强了实现目标的意愿和决心。

有了强大的动力和明确的目标，即使未来行业再次发生变化，相信小慧也能再找到新的出路和解决方法。

本 节 练 习

尝试用 GROW 模式，针对你今年要实现的一个目标进行探索，可以是个人发展、学习新技能、改善健康、增强人际关系、财务提升等各个方面：

步骤	参考提问方法
第一步：目标设定（Goal）	你希望通过这个目标实现什么？ 为什么这个目标现在对你很重要？ 你怎么知道你已经达到了目标？ 你打算什么时候实现这一目标？
第二步：现状分析（Reality）	到目前为止，你做了什么来实现你的目标？ 现在发生着什么？ 现在什么运作正常？ 是什么阻止了你向目标前行？

(续)

步骤	参考提问方法
第三步：选择策略 （Options）	你做的哪些事情有助于你实现自己的目标？ 你还能做什么？ 如果你是×××（榜样），你会怎么做？ 想想那些把这类事情做得很好的人，他们的哪些方法是你可以借鉴的？ 用5分钟的时间，写下尽可能多的方案。
第四步：行动计划 （Will）	在你提出的所有选项中，你会选择哪一个？ 你需要组织提供哪些支持？ 你将如何获得这些支持？ 你要迈出的第一步是什么？ 从1分到10分的承诺度，你对行动计划的承诺能打多少分？

第三节　人生跃迁：左手专业右手商业

"心之所向，素履以往，生如逆旅，一苇以航。"——七堇年

一、因为专业，所以笃定

楠楠老师，一位坚定的心理学热爱者，自2010年上大学开始踏入心理学的大门后，便一直在这条道路上坚定地前行。

她的经历充满了挑战与机遇，也见证了她的成长与蜕变。

当年，楠楠以优异的成绩考入大学，面对众多的专业选择，她毫不犹豫地选择了心理学。尽管她的班主任曾劝她考虑其他更"实用"的专业，但她坚定地选择了自己热爱的方向。

她说："我就要学心理学专业，我想要探索人性的奥秘。"

大学期间,楠楠老师深入学习了心理学的各个领域,并积累了丰富的实践经验。她参与了多个课题研究,专注于团体心理的研究与实践。大学学习让她更加坚定了继续深造的决心。于是,2014年,她成功考取了研究生,专攻心理健康教育方向。

研究生的学习经历让她对自己的未来有了更深入的思考。她发现,相比于纯理论的研究,她更喜欢实践性的工作,尤其是心理咨询。

于是,她决定放弃继续考博的计划,转而投身于心理咨询的学习与实践。

为了更好地掌握心理咨询的技能,她花费了一年的时间,每周末前往心理咨询机构学习。她刻苦钻研,不断实践,逐渐学会如何成为一名优秀的心理咨询师。实习期间,她更是勇敢地选择了挑战,进入了学校心理咨询中心,承担了繁重的咨询工作。这段经历让她迅速成长,为她日后的职业生涯奠定了坚实的基础。

毕业后,楠楠面临着职业的选择。她原本定位去学校当老师,然而,一个偶然的机会让她进入了医院的心理科工作。在这里,她接触到了各种各样的个案,积累了丰富的临床经验。然而,工作的压力与内心的挣扎让她一度陷入了迷茫与抑郁。在最艰难的时刻,她选择了向父母求助,并得到了他们的支持与鼓励。这让她重新找回了自己,决定离开原来的城市,前往西安寻找新的机遇。

楠楠老师意外地踏入了自闭症领域。她发现,自己可以用心理学的知识与方法去帮助这些特殊的孩子。于是，她开始了自闭症干预的学习与实践。

一开始，她只是出于心理学专业背景和对孩子们的关爱，帮助了一些家长和他们的自闭症孩子。但很快，她所展现出的专业与耐心，吸引了越来越多的家长。

"楠楠老师，您能不能帮我家的孩子也看看？"一位满脸焦虑的母亲拉着楠楠老师的手问道。

"我孩子最近行为特别异常，不愿与人交流，我怀疑他可能有自闭症。"另一位父亲满眼期待地看着楠楠老师。

面对家长们殷切的请求和期待，楠楠深感责任重大。她知道，这些孩子需要专业的干预和治疗，而家长们更是渴望能找到一个值得信赖的人来帮助他们的孩子。

于是，在家长们的推动和鼓励下，楠楠老师决定踏上这条充满挑战的自闭症干预之路。她深知，这条路并不好走，但她愿意为了这些孩子和家长们去努力、去尝试。

她开始更加深入地研究自闭症的相关知识，参加各种培训和研讨会，不断提升自己的专业素养。同时，她也积极与家长们沟通，了解他们的需求和期望，努力为他们提供最合适的干预方案。

在这个过程中，楠楠老师也逐渐明确了自己的目标和方向，生完孩子后，开始以独立咨询师的身份服务家长和孩子。成为母亲后的她，更希望通过自己的努力，能够帮助更多的自闭症儿童走出困境，融入社会。同时，她也希望能够借助自己的力量，推动社会对自闭症的认知和关注。

然而，楠楠老师的创业之路并非一帆风顺。她曾尝试过与人合作，但最终因理念不合而分道扬镳。面对场地的困境与资金的压力，她并没有放弃，而是积极寻找解决方案。她通过线上平台打电话寻找可以共享的场地，最终找到了一个愿意租给她场地的心理机构，让她终于有了自己的一间咨询室。这段经历让她更加坚定了自己创业的信念与决心。

如今，楠楠已经拥有了自己的工作室和团队，拥有了自己专业的场地，致力于为自闭症儿童提供更专业、更个性化的干预服务。她与现在的两位合伙人一拍即合，共同打造了市场上独一无二的服务模式。他们用自己的专业知识与爱心，陪伴着每一个孩子成长与进步。同时，他们也积极研发新的产品与服务，形成了完整的闭环体系，为更多的家庭带去希望与温暖。

回顾自己的成长历程，楠楠老师感慨万分。她说："是心理学让我找到了自己的方向与价值所在。我愿意用自己的专业知识与经验去帮助更多的人走出困境、找到希望。"

二、商业化并没有那么简单

楠楠老师与两位合伙人分别专注于不同的产品，但却形成了一个闭环，互相支持、共同进步。他们明确了各自的职责，楠楠负责自闭症板块，也负责工作室的行政管理，其他两位合伙人则分别专注于注意力感统和心理咨询领域。营销推广工作三个人协商，分工协作。

这种分工明确的合作模式使得他们能够高效地推进项目的商业化进程。2023年下半年，工作室面临了新的挑战：比如如何确定分成比例、如何打开市场，等等。

楠楠老师找到了路路学苑，通过我的私教服务，先明确了目标和方向，再带着目标和两位合伙人进行了充分的沟通和协商，他们最终找到了解决方案。

他们明确了利润分配方式、优化分工，调整了合作协议，消除了内耗，使得每个人都能在工作中找到自己的价值和动力。

同时，他们也积极利用点评等平台进行市场推广，提高了工作室的曝光率，引流来了精准客户。他们还计划进一步利用小红书和抖音等社交媒体平台，开展更多的线上活动吸引客户。

今年，工作室准备和更多的线下社区合作。但不同于传统的发传单，他们将会提供低价公益活动服务。

他们注意到，现在很多小孩子面临巨大的压力，这往往源于家长无法给予孩子足够的休息时间。孩子们在学校忙碌一天后，回家仍需继续完成课内课外作业，周末还有各种补习，这种状况对孩子的健康成长极为不利。

因此，楠楠老师考虑发起一项特别的活动：利用团队不断壮大的教师资源和丰富的经验，深入社区为孩子们提供体能锻炼课程。计划以每节课几十元的超低价格，为孩子们提供一个半小时的体能训练，结合游戏帮助孩子们恢复精力和活力，这一想法得到了家长的热烈欢迎和支持。

虽然从短期看，这项服务并不赚钱，但她相信这将有助于工作室快速扩大影响力，精准地吸引目标客户群体，并为未来的业务发展奠定坚实基础。

知道创业的不易，楠楠老师从一开始就注重家庭与工作的平衡。作为心理学专家，她深知安全感与独立意识对孩子成长的重要性。孩子出生开始，楠楠就一直悉心照顾和启蒙，给足了孩子安全感。

两岁半后，孩子被送到了托班，在专业的照护下逐渐适应集体生活，独立自主的品质得到了培养。这一决定并不是轻易做出的，楠楠老师相信，这是为了孩子更好地成长，也是为了自己能够更专心地投入到创业中。

孩子上学的时间，楠楠老师便全身心地投入到创业中，用专业知识和满腔热情为事业打拼。她充分利用这段时间，与团队紧密合作，研发新产品，拓展市场，为公司的成长贡献自己的力量。

然而，楠楠老师并没有因为工作的繁忙而忽视家庭。每天，无论工作多么繁忙，她都会亲自接孩子放学。回家后，她会给孩子做饭，陪孩子玩耍，提供高质量的陪伴。在这些看似平常的家庭琐事中，楠楠老师却倾注了满满的爱与关怀。

楠楠老师的丈夫从事IT行业，也是一位创业者。他的工作时间相对自由，能够在楠楠老师忙碌的时候伸出援手，周末基本都是孩子爸爸照顾家庭和孩子。

这种默契的合作与支持，让楠楠老师在创业的道路上更加坚定和从容。节假日的时光，他们一家人会一起度过，或郊游，或聚会，或共享美食，享受家庭的温馨与幸福。

在创业的旅程中，楠楠老师经历了无数次的挑战与考验。

但她始终坚信，只要心中有爱，有家庭的支持，就没有什么过不去的。她用自己的行动诠释了创业与家庭幸福的完美融合。

展望未来，楠楠老师和她的团队将继续在教育领域深耕细作，为更多的父母和孩子带来优质的产品和服务。

三、专业能力和商业化能力：成功的"双保险"

在成功的路上，专业能力和商业化能力就像是我们前进的两个轮子，缺了哪一个都会走得跌跌撞撞。它们互相配合，让我们在人生的道路上稳稳当当地前进。

专业能力，简单来说，就是你在某个领域里"很在行"。就像楠楠老师，花了十几年的时间和精力去学习、去实践，让自己在这个领域里变得越来越厉害。有了专业能力，你就能解决别人解决不了的问题，提供别人提供不了的服务，自然就会赢得别人的尊重和信任。

但是，光有专业能力还不够。你得想办法把这些能力变现，也就是商业化。商业化能力能够让你把自己的专业知识和技能转化成市场上需要的产品或服务，然后卖出去赚钱。你得了解市场需要什么，怎么推广自己的产品，怎么跟客户谈价钱，等等。

专业能力和商业化能力就像是一对好搭档。**专业能力让你有东西可卖，商业化能力让你能把东西卖出去**。你的专业能力越强，你的产品或服务就越受欢迎；你的商业化能力越强，你就能赚更多的钱，然后用来进一步提升自己的专业能力。这样一来，你就进入了一个良性循环，越做越顺，越顺越做。

现实生活中有很多这样的例子。我们小区里有一个非常擅长做甜点的妈妈，她做的甜点非常好吃：黄油面包、芝士蛋挞、抹茶慕斯……如果她不懂得怎么把自己的甜点推广出去，不懂得怎么定价、怎么吸引顾客，那她可能就只能在小范围内赚点小钱。

但是，这位妈妈开始思考如何将自己的烘焙推向更广泛的市场。她调研了孩子们爱吃的口味，研究更健康的配方，精心设计包装，制定营销策略。后来她开设了自己的社交媒体账号，每天分享烘焙的过程和新品信息，视频拍得很治愈精美，吸引了更多的妈妈粉丝关注和在线购买。

光有专业能力是不够的，还得学会怎么把自己的专业能力变成价值，这就是商业化能力的重要性。

这里有我总结出来的一些建议，给你参考：

1. 明确你擅长的技能和市场需求

列出你擅长的所有技能，并评估它们的市场潜力。你可以通过在线调查、社交媒体民意调查或咨询行业专家来了解市场需求。

确定你的目标市场。可能是一个特定的行业、一群有共同需求的人，或者一个地理区域，分类越细越好，这样更容易做高价值产品。"一万米的深度，一毫米的宽度"一根针尖捅破天，牢牢地稳稳地扎根到深处。

2. 创建你的产品或服务

根据你的技能和市场需求，开发一个产品或服务，比如，实体产品、数字产品（如在线课程）、咨询服务、定制解决方案等。需要注意的是，第一个产品需要你亲力亲为，投入更多的精力去交付服务客户，获得好的口碑。

比如：大多数咨询师从做好一对一客户咨询开始，积累更多的经验和成功案例，积累时间超过 1000 小时以后，在自己的领域中就会有一定的口碑和影响力。在第一个产品销售、交付闭环成功后，同步建立产品矩阵，包括低价的引流产品、中等价格的现金流产品、高价的势能型产品，以及可以联盟的合作型产品等，如图 5-3 所示。

图 5-3　打造你的产品矩阵

确保你的产品或服务具有高质量和独特性，能够解决目标市场的问题或满足某类特定需求。

3. 建立在线展示平台

使用专业的在线平台来展示你的产品或服务，可以是电商平台，也可以是小程序。确保平台上你的店铺设计简洁明了，内容清晰易懂。例如，知识付费可以选择小鹅通等平台，实物产品可以考虑小红书、抖音、淘宝等平台。各类平台会不断推陈出新，我们要及时关注发展趋势。

同时，还要利用社交媒体平台建立个人品牌，定期发布、分享有价值的内容，展示你的专业知识和能力，吸引更多的潜在粉丝客户，并与潜在客户积极互动。

4. 制定定价和营销策略

根据你的成本、竞争对手的定价以及目标市场的支付能力，制定一个合理的定价策略。价格需要根据你的产品类型和用户群消费能力来定，举个例子：一位做升学教育规划的老师，主要针对成绩不理想的高中生群体，她的产品矩阵可能包括：几百元的录播课程、万元的系统培训课程、更高价格的学习力提升陪跑服务，以及一些配套的测评合作产品。

同时，还要制定一个低成本的营销策略，包括内容营销、社交媒体营销、口碑营销等。确保你的营销策略能够触及你的目标市场。

5. 处理销售和客户服务

建立一个销售流程，包括如何拓展客流量、如何接收订单、处理销转付款和交付产品或提供服务。

提供优质的客户服务，确保客户满意并愿意向他人推荐你的产品或服务。及时回应客户的问题和反馈，并持续改进你的产品或服务以满足客户的需求。

6. 持续学习和改进

关注行业动态和市场变化，持续学习新的知识和技能，以保持竞争力。收集客户反馈和数据，了解你的产品或服务的表现，并根据需要进行调整和改进。

寻找新的机会和合作伙伴，必要的阶段开始组建自己的小团队，以扩大你的业务并增加收入来源。

7. 平衡好家庭和事业，合理分配时间

对于许多创业女性来说，平衡家庭和事业是一个重要的挑战，可以这样做：

○ **制定时间表**：为家庭和工作制定明确的时间表，确保两者都能得到适当的关注。合理安排时间，避免压力过大。

○ **寻求支持**：与家人、朋友或专业人士分享你的挑战和需求。寻求他们的支持和理解，以便更好地平衡家庭和事业。

○ **自我关爱**：确保你自己的需求和健康也得到满足。通过锻炼、休息和健康饮食来照顾自己，以保持精力和耐力。

○ **灵活调整**：认识到家庭和职业发展有时可能会出现意外情况或变化。保持灵活性，并愿意调整你的计划和安排，以适应这些变化。

尝试以上的步骤方法，再结合自己的实际需求优化，相信你可以更好地将个人擅长的技能商业化，并在家庭和事业之间找到平衡。达到人生的新阶段：**实现左手专业，右手商业，越做越幸福的状态。**

本 节 练 习

结合下表进行个人专业能力和商业化能力自测。

阶段	判断要素	判断完成度（完成打√）
专业化程度	在某个领域深耕时间达三年以上	
	获得过相关权威认证	
	取得过较大成果（课程、出书、专利、爆款产品等）	
	担任过某知名企业或者组织的主要负责人	
	提供的产品或者服务受到客户的认可，有良好的口碑	
商业化程度	有属于自己的产品、交付和商业闭环服务，已经销售成功且经过了多位市场用户的检验	
	有多元化的收入来源（比如，不是单一的薪水）	
	个人品牌影响力（私域及新媒体有一定粉丝流量等）	
	能看准行业发展趋势，抓住风口趋势（比如，抓住了直播红利）	
	有更多的商业合作伙伴或者联盟	
	有清晰的业务发展战略和计划	
	有属于自己的核心服务团队	

打√越多代表专业化和商业化程度越高。

第四节　共融共生：从个体奋斗到家族繁荣

"能用众力，则无敌于天下矣；能用众智，则无畏于圣人矣。"——《三国志·吴书·孙权传》

一、从个体奋斗到家族繁荣

作为新女性，在追求成功和自我跃迁的征途中，我们常常被一种新的观念包围：那就是女人要坚强独立，全靠自己的力量，不能依赖他人。

这也是小时候妈妈经常教育我的："女孩子要自尊自强自立。"

随着在现实世界中不断摸爬滚打，我渐渐发现，光有自强自立还不够，孤军奋战往往让人感到倍加艰辛，成功的概率也相对较小。真正的智慧，其实蕴藏在与他人的合作之中，特别是与男性的合作，这在事业与家庭中都具有同等的重要性。

曾经，我像许多怀揣梦想的女性一样，相信自己能够凭借个人的力量闯出一片广阔的天地。经过感情的挫败让我更加坚定了"靠天靠地不如靠自己"的信念，并将它深深地刻在心底，奉为生活的座右铭，甚至把它写在微博的个人简介上。

我全身心地投入工作，每日加班至深夜。我逐渐意识到，即便成为大公司的高管，年薪数十万，在繁华的一线城市中，我也还是一个高级打工人，很难实现阶层的跃迁。为了实现阶层跃迁,我必须加倍努力。

此时,命运为我带来了一丝温暖的曙光。我遇到了现在的先生,他同样出身于一个普通的家庭,没有令人炫目的背景,但他阳光般开朗的性格和对家庭全心全意的付出,重新点燃了我对生活的希望之火。我们决定携手前行,共同为下一代打造一个更加美好的生活环境。

于是,我们决定共同创业。我毅然辞去了公司高管的职位,协助先生初建公司团队。一开始,团队只有4个人,我们如同在暗夜中摸索前行,创业十年,每一步都充满了未知与挑战:项目投资失利,仿佛无底洞般吞噬着我们的资金与信心;突如其来的疫情更是让行业陷入寒冬,我们的业务也遭受了前所未有的打击;更糟糕的是,失去信心的股东们纷纷表示要撤资,我们面临着巨大的经济压力……

然而,正是这些接连不断的困境与磨难,让我们更加紧密地团结在一起。我们深知:只有共同面对、互相扶持,才能渡过难关。

创业初期,我们分工明确、各司其职。我专注于公司的日常运营和管理事务,确保公司内部的高效运转,先生则投身于产品服务和市场的拓展工作,努力寻找新的业务机会和合作伙伴。

这种合作模式不仅让我们的家庭充满了幸福与和谐的气息,更推动了我们的事业不断向前发展。

然而共同创业的道路上并非一帆风顺,我们之间也曾产生过很多摩擦和分歧。在家里他对我呵护备至、言听计从,但一到了工作场合他就变得非常严肃，有时要求近乎苛刻，让我感到落差和委屈。因为工作意见分歧，我们常常发生争执。

现在回想起来，那时的我内心能量还不够强大，不愿意在自己爱的人面前示弱，对他的信任感也不足，没有完全理解他的用心和期望。

后来，我们深刻反思：创业为了什么？是为了家庭更美好呀，如果影响了感情那就得不偿失了。我们一致决定，遵守一个规则：家和万事兴。

共同创业的项目以他的意见为主导，这并不是放弃我的立场和观点，而是基于对彼此能力和角色的认同与尊重。同时，我也计划等公司稳定了再独立创业，继续追寻自己真正热爱的事业。

十年辛勤耕耘，我们成功孵化出了四家公司，运营状况十分健康。而我自己创建的路路学苑也在稳步发展，蒸蒸日上。这一切的成就都离不开我们夫妻之间紧密无间的合作和共同努力。我们相互信任、相互支持，共同面对生活中的每一个挑战和机遇。

你或许会问，为什么女性一定要和男性合作呢？现在也有很多女性独立创业并取得了成功呀！是的，的确有很多优秀的女性创业成功了。然而，我们必须正视的是，**创业并非易事，无关性别。**

个人创业形势险峻，据统计，国内创业失败率高达 95%，能够顽强生存五年以上并屹立不倒的创业公司更是屈指可数。在这样严峻的环境下，女性创业者孤军奋战的成功概率更是微乎其微。我们往往只瞩目于网上那些凤毛麟角、光芒四射的成功典范，却未曾深入去观察、去感受那些默默承受挫折、黯然离场的创业者们的辛酸。

而且无论是合伙人还是下属，男性在创业领域都占据了相当一部分比例。因此，积极与男性合作对于女性创业者来说至关重要。通过合作，我们可以获得更多的资源、经验和人脉，弥补我们的不足，从而提升创业成功的概率。

这并不意味着我们要放弃自己的独立和自强精神。相反，**我们都应该在保持独立性的同时找到与他人合作共赢的平衡点。**

夫妻是人生合伙人，也可以是创业合伙人。在创业的道路上，我们既需要坚持自己的立场和观点，也需要学会倾听他人的意见和建议。通过不断地沟通融合，我们可以建立起更加稳固的合作关系，共同推动事业的发展。

两年前，在广州参加一个创业课程期间，我有幸结识了一位特别的女同学，她的背景与经历给我留下了十分深刻的印象。她来自一个知名家居用品的家族企业，不仅在其中持有股份，更担任了财务负责人的要职。然而，在事业的巅峰时期，她却做出了一个出人意料的决定：暂时放下手中的权力与荣耀，回归家庭，全心全意地陪伴和教育三个孩子。

这位女同学将家庭管理得井井有条，每个成员都在各自的角色中发挥着不可或缺的作用。她不仅注重孩子们的学业成绩，更在品德教育和综合素质培养上倾注了大量心血。在她的悉心教导下，孩子们个个出类拔萃，不仅在学校中表现优异，在社交和兴趣爱好方面也展现出了过人的才华。

尽管她将重心放在了家庭上,但她并没有完全放弃对家族企业的责任。作为财务负责人,她依然参与企业的重大决策,运用自己的专业知识和敏锐洞察力,确保企业的财务状况稳健。她的这种平衡家庭和事业的智慧与勇气,让我深感敬佩。

她自嘲说:"你看我现在就是一个家庭妇女了,所以要出来学习,不然就落伍啦。"

我对她说:"你太谦虚了,这哪里是家庭主妇呀,简直就是家族掌舵人啊!"

在与她的交流中,我深刻感受到家庭和事业并不是相互排斥的两个方面,而是可以相互促进、共同发展的。她用自己的实际行动证明了女性完全可以在家庭和事业之间找到更好的平衡点,实现自己的多重价值。她的故事不仅对我产生了深远的影响,更让我坚信了与男性合作共赢、共同创造美好生活的无限可能性。

我们身边也有很多事业非常成功的男性,他们都有一个共同点,那就是家庭也特别幸福美满。这些人非常在意家庭,对家人很负责任,不会轻易做出伤害家庭的事情。他们知道,家庭是他们能够放心去拼事业的坚强后盾,所以他们会更加努力地工作,给家人提供更好的生活保障。

二、和更多的人一起合作共赢

有一次,在和我的一位学员朋友深度交流的过程中,我察觉到了她内心的迷茫和焦虑。她告诉我她正在和一个机构谈合作,但是遇到了困顿,觉得自己仿佛成了对方的销售工具,自己的事业无法得到真正的发展,同时也感受不到对方的合作诚意。

为了帮助她走出这一困境,我分享我的女性生涯版权课中的"女性价值提升金字塔"模型,先强调了明确自我定位和目标设定的重要性。

我鼓励她以建造大厦的心态来打造自己的事业,如图 5-4 所示,先要坚实自己的中柱(自我赋能力),并稳固四个底座:清晰的定位力、核心的竞争力、广泛的影响力以及有效的链接力。初始阶段,即便大厦规模较小、设施简陋也无须气馁,因为随着时间的推移和不断地努力,它将会变得日益宏伟和完善。

图 5-4 建造你的事业大厦

面对外界的邀请，我们要保持冷静和理智，可以将它视为学习、观摩的机会，但绝对不能失去自我。要始终牢记自己的目标和追求，学习之后回归到自己的大厦修建中（即坚守自己的事业）。同时，也可以积极邀请志同道合的人共同参与建设。"安得广厦千万间，大庇天下寒士俱欢颜"，将事业大厦打造得更加美好，可以影响和帮助更多的人。

我先生创业第一天确立的愿景是"帮助 100 个酒店品牌成功，培训 10000+ 酒店人，让酒店电商营销方法惠及 100 万从业者"，我觉得他已经快要实现了。

我的愿景有点"大"：想要影响 1 亿女性和 1000 万家庭的幸福！我要做女性生涯教育事业一辈子，我知道仅凭我一个人的力量非常有限，所以我呼吁更多有爱的人一起加入。而等我百年之后，变成了一抔黄土一缕青烟，还有更多人可以继续做这个有意义的事业，这个愿景很大，但是它终有一天一定会实现。

我们希望每个女性都能内心繁盛能量充足，家庭事业都幸福，我们的下一代都能拥有一个更好的原生家庭，健康快乐地成长，我们的社会将更加美好。

《道德经》中的"上善若水，水善利万物而不争"给予了我们深刻的启示。最高境界的善行就像水一样，能够滋养万物而不争名逐利。我们应当效仿水的包容和善良，用无私的大爱去关爱身边的每一个人。

这种广义的爱，将成为连接人与人之间最紧密的纽带。人类是群居动物，我们的生存和发展离不开与他人的交往。而连接人与人之间的最深层纽带就是爱。这种爱不仅局限于家人之间，更应延伸到身边的每一个人，这才是真正的大爱。

当我们学会承担起这份责任时，就能一起为后代子孙们创造一个更加美好的、可持续发展的未来。

三、让美好的目标逐步落地

在追求美好未来的过程中，我们需要遵循 SMART 原则来制定和实现目标，不要让目标变成空中楼阁。举例来说一下，如何用 SMART 方法更好地扩大业务合作：

○ **Specific**（具体的）：我们的目标需要具体而明确，例如"在未来一年内，提升自己在行业内的知名度"或"与五家具有影响力的机构建立合作关系"。这样的目标能够帮助我们更加清晰地聚焦方向和行动计划。

○ **Measurable**（可衡量的）：我们需要设定可以量化的指标来衡量目标的达成情况。例如"每月至少参加一次行业交流活动，并发表演讲"或"每月至少与一家机构确认合作意向"。通过衡量这些具体的成果，我们能够及时调整策略，确保目标顺利推进。

○ **Achievable**（可实现的）：我们制定的目标应该是经过努力可以实现的，而不是遥不可及的梦想。例如，根据自身的实力和资源，我们可以设定"未来两年内，将业务范围扩展到三个新城市"这样可实现的目标。

○ **Relevant**（相关的）：我们的目标应该与自身的事业和发展紧密相关，而不是随意设定的。例如，针对当前的市场趋势和需求，我们可以设定"开发一款符合用户需求的新产品服务，并占据一定份额的市场"，这样的目标能够确保我们的努力与事业发展紧密相连。

○ **Time-bound**（有时限的）：我们需要为目标设定明确的完成时间，以确保自己能够按照计划逐步推进。例如，"在接下来的六个月内，完成新产品的开发和市场测试"或"年底前，与五个合作伙伴签订长期合作协议"，这样的时间限制能够帮助我们更好地分配资源和精力，确保目标按时达成。

通过运用 SMART 原则，我们能够更加清晰、具体地规划和实现个人和组织的目标。在这个过程中，持续的自我成长、专业能力的提升以及积极的合作共赢态度是不可或缺的。

当我们勇于跨出舒适区，进入新的圈子和行业，结识更多志同道合的伙伴时，我们的视野将不断拓宽。随着视野的拓展，我们会看到前所未有的机会和可能性，这将激发我们设定更高、更远的目标。

例如，中学时期的目标可能是考入一所好大学，大学时期则转变为找到一份好工作。随着工作经验的积累和社交圈子的扩大，我们的目标可能会变得更加宏伟——创立自己的公司、实现人生价值，甚至成为某个领域的领军人物，去帮助更多的人。

这些不断上升的目标不仅与我们个人的成长和发展紧密相连，更与他人、与世界息息相关。**我们的成功将不再局限于个人的小圈子，而是能够影响到身边的更多人，甚至在一定程度上推动着社会的发展**。这种变化不仅体现了个人视野的拓宽，更展现了我们在不断成长和追求更高目标的过程中所展现出的勇气、智慧和担当。

作为拥有高能量的女性，我们不仅能在个人事业上表现卓越，更能以自身温暖的爱心和深远的影响力，感染和照亮周围的人。

每一个自信而熠熠生辉的女性，都是这个世界的一道独特光芒，无数这样的光芒交织汇聚，犹如繁星点点，璀璨夺目，共同点亮了整片夜空，为这个世界带来无尽的光明与希望。

本 节 练 习

邀请你在一个舒服安静的地方坐下或者躺下，深呼吸，和我一起坐到时光机里，畅游到三年后的世界，**畅想美好的"未来的一天"**。

三年后的世界，也就是公元20××年时的世界。算一算，这时你是几岁？容貌有变化吗？请你尽量想象三年后的情形，越仔细越好。

想象现在你正躺在家里的大床上。

○ 这时候是清晨，和往常一样醒来，你首先看到的是卧室里的天花板。看到了吗？它是什么颜色？

○ 你准备下床，尝试去感觉脚趾头接触地面的温度，凉凉的，还是暖暖的？

经过一番梳洗之后，你来到了餐桌前。

○ 今天的早餐吃的是什么？一起用餐的有谁？你跟他们说了什么话？

你来到衣橱前面，准备换衣服出门。

○ 今天你要穿什么样的衣服出门？穿好衣服，你照一照镜子。

关上家里的大门，准备前往今天工作的地点或者参加一个重要的会谈。

○ 回头看一下你的家，它是一栋什么样的房子？

○ 你将搭乘什么样的交通工具出门？

○ 你快到达工作的地方了，注意一下，这个地方看起来如何？

○ 你进入的地方都有谁？你跟他们打了招呼，他们怎么称呼你？注意一下还有哪些人出现在这里？他们正在做什么？

○ 你在桌子前面坐下，早上都在做些什么？跟哪些人在一起？

接着，上午过去了。

○ 午餐如何解决？

○ 吃的是什么？跟谁一起吃？午餐还愉快吗？下午的工作跟上午的工作内容有什么不同吗？都在做些什么？

快到下班的时间了，或者你没有固定的下班时间，但你即将结束一天的工作。

○ 下班后你直接回家吗？或者要先办点什么样的事？或者要做一些什么其他的活动？

天色暗了，回到家了。

○ 家里有哪些人呢？回家后你都做些什么事？

○ 晚餐的时间到了，你会在哪里用餐？跟谁一起用餐？

吃的是什么？晚餐后，你做了些什么？跟谁在一起？

就寝前，你正在计划明天参加一个典礼。那是一个颁奖典礼，你将接受一项颁奖。

○ 想想看，那会是一个怎么样的奖项？给你颁奖的是谁？如果你将发表获奖感言，你打算讲些什么？

该是上床的时候了，你躺在自己的那张大床上。

○ 回忆一下今天的工作与生活，你今天过得愉快吗？

○ 是不是要许个愿？许什么样的愿望？

渐渐地，你很满足地进入了梦乡。

WOMEN

参考文献

[1] 霍金斯.意念力：激发你的潜在力量[M].李楠,译.北京：光明日报出版社,2014.

[2] 卡塔拉诺,卡明.情绪管理：管理情绪,而不是被情绪管理[M].李兰杰,李亮,译.北京：中国青年出版社,2020.

[3] 米勒.与原生家庭和解[M].束阳,殷世钞,译.北京：中国友谊出版社,2018.

[4] 帕斯莫尔,辛克莱.教练的常识[M].吴彦群,陈秋阳,张非凡,译.北京：中国人民大学出版社,2023.

[5] 柯林斯.飞轮效应：从优秀到卓越的行动指南[M].李祖滨,译.北京：中信出版集团,2020.

[6] 蒙洛迪诺.潜意识：控制你行为的秘密[M].赵崧惠,译.北京：中国青年出版社,2013.

[7] 阿德勒.自卑与超越[M].曹晚红,译.北京：中国友谊出版公司,2018.

[8] 福沃德,巴克.原生家庭：如何修补自己的性格缺陷[M].黄姝,王婷,译.北京：北京时代华文书局,2018.

[9] 苏世民.苏世民：我的经验与教训[M].赵灿,译.北京：中信出版集团,2020.

[10] 梅多斯.系统之美[M].邱昭良,译.杭州：浙江教育出版社,2011.

[11] 陈春花.协同：数字化时代组织效率的本质［M］.北京：机械工业出版社，2021.

[12] 华生.行为心理学［M］.刘霞，译.北京：现代出版社，2016.

[13] 海格森，古德史密斯.身为职场女性：女性事业进阶与领导力提升［M］.陈小咖，译.北京：机械工业出版社，2019.

[14] 德鲁克.卓有成效的管理者［M］.许是祥，译.北京：机械工业出版社，2009.

[15] 里斯，特劳特.定位［M］.谢伟山，苑爱冬，译.北京：机械工业出版社，2011.

[16] 格拉顿，斯科特.百岁人生：长寿时代的生活和工作［M］.吴奕俊，译.北京：中信出版集团，2018.

[17] 拜恩.秘密［M］.谢明宪，译.长沙：湖南文艺出版社，2018.

[18] 艾瑞克森.深度看见：艾瑞克森催眠法［M］.尧俊芳，译.天津：天津科学技术出版社，2020.